두선생의
지도로 읽는
세계사

동양 편

— 동양편 —

두선생의 지도로 읽는 세계사

한영준 지음

21세기북스

일러두기

1. 인명, 지명, 국가명 등의 외국어와 외래어는 국립국어원 외래어표기법에 따른다.
2. 일부 역사적 지명이나 사건, 국가명 등 관용적 표현이 익숙한 경우에는 한국 한자음으로 표기한다.
   ex. 황하(황허), 회수(화이수이·화이허강), 장강(창장·양쯔강), 송화강(쑹화강), 요하(랴오허강), 내몽골(네이멍구) 등

책을 펼치며
지리, 역사를 읽어내는 시공간

어린 시절, 역사를 공부할 때 옆에 두고 보던 게 있습니다. 바로 지도책과 연대표입니다. 한 나라가 시기적으로 다른 나라와 얼마만큼 겹쳤는지, 그 나라는 지리적으로 어디까지 진출했는지 알기 위해서였죠. 인물과 사건을 바라볼 때도 마찬가지입니다. 인물과 사건의 '언제'와 '어디서'를 알면 '어떻게'와 '왜'를 이해하는 데 도움이 되거든요.

각 지역의 지도를 바탕으로 지리 강의를 만든 것도 그래서였습니다. 역사를 알려면 우선 그곳의 지리를 알아야 합니다. 예를 들어 인도의 역사를 알고 싶다면 인더스강과 갠지스강이 어디에서 어디로 흐르는지, 그곳의 지리적 특징이 어떤지 아는 것이 필수입니다. 한국의 역사를 알려면 사람들이 만주에서 내려와 한반도에 정착한 과정과 이유를 알아야 하죠.

그만큼 지리와 역사는 떼려야 뗄 수 없습니다. 지리를 통해 우리는 과거의 사람들을 더 잘 이해할 수 있습니다. 21세기 대한민국에서 사는 우리와 조선에서 살던 조상들 사이에는 수백 년이라는 시간적 차이가 있습니다. 그 당시의 국제 정세와 시대적 흐름, 상황을 지금 우리가 온전히 공감할 수는 없죠. 다만 한반도라는 공간적인 환경은 크게 바뀌지 않았으니, 한반도라는 지리적인 매개를 통해 우리는 과거 한반도에 살았던 사람들의 역사에 한 걸음 더 다가갈 수 있습니다.

지리가 갖는 역사적 의미, 즉 '지리의 역사성'은 과거에만 머물러 있지 않고 현재까지 이어지죠. 중국이 대만을 차지하려는 가장 큰 이유는 대만의 지정학적 위치 때문입니다. 중국은 과거에는 바다를 크게 신경 쓰지 않아도 됐습니다. 하지만 서구 열강이 침략하기 시작한 19세기 이후로 '바다'는 그들에게 가장 심각한 아킬레스건이 됐습니다. 그런데 자신들과 내전을 벌였던 국민당 정부가 대만으로 도망가면서, 그리고 미국이 대만을 전략적으로 활용하면서, 중국의 '바다 콤플렉스'는 더 심해졌습니다. 이처럼 국내외 정세에 의문이 생길 때, 지리는 그 해답의 실마리를 제공합니다.

이 책에서는 먼저 각 지역의 지리에 대한 기본적인 지식을 설명합니다. 기본적으로 지리를 이루는 것은 물과 땅입니다.

물에는 짠물인 바다가 있고, 민물인 강과 호수 등이 있죠. 민물은 인간의 생존과 문명에 가장 중요한 요소입니다. 수량이 풍부한 강은 인간이 농사를 지을 수 있게끔 해주고, 낙차가 심하지 않은 강은 인간이 배를 이용해 다른 지역으로 이동하거나 교류할 수 있게 해줍니다. 반면 물이 부족해 풀 한 포기 자라기 힘든 사막은 인간의 생존에는 위협이 됩니다.

한편 땅은 넓은 땅인 대륙과 바다로 둘러싸인 섬으로 나눌 수 있습니다. 해발고도로 보면 높은 땅인 산, 평평한 땅인 평원 등으로 나뉘겠죠. 산들이 줄기를 이루면 산맥, 높으면서 평평하면 고원입니다. 더 많은 인간이 모여 살 수 있는 평원, 특히 강이 흐르는 곳에서 인간 사회가 더욱 발전했습니다. 반대로 험준한 산과 산맥은 인간의 이동과 교류를 방해해 장벽 역할을 하죠.

바다는 인간의 이동을 방해하지만, 모험심도 자극했습니다. 바다 쪽으로 튀어나온 반도는 인간이 다른 지역으로 진출할 기회가 되기도 합니다. 좁은 바다인 해협은 바다와 바다 사이를 연결하는 길목입니다. 바다가 육지 쪽으로 들어온 만에서 인간은 교류하거나 경쟁합니다.

각 지역에 펼쳐진 지형을 살펴보면 그 지역의 현재에 대해 힌트를 얻을 수 있습니다. 중국은 어떻게 거대한 영토를 차지하고 수많은 인구를 자랑하게 된 걸까요? 만주에서 자신들의 문명을 시작한 한국인은 어떻게 한반도에 정착했을까요? 세계 종교인 불교가 탄생한 인도에선 왜 불교가 사라졌을까요? 제2차 세계대전이 끝나고 우리나라와 비슷하게 독립한 동남아시아 나라들은 왜 대부분 개발도상국에 멈춰 있는 걸까요?

이번 책에서는 동양의 지리를 다룹니다. 동양의 과거와 현재에 가장 큰 영향을 미친 중국을 가장 먼저 살펴봅니다. 중국과 가장 많이 교류하고도 각기 다른 모습으로 성장한 한국과 일본을 하나의 장에서 다룹니다. 비슷한 듯 다른 한국과 일본의 지리와 역사를 살펴보며 지금의 한일 관계를 함께 고민하는 시간을 갖고자 합니다.

동양에서 중국만큼 큰 영향력을 지닌 인도와 남아시아를 한·중·일 다음에 배치했습니다. 이 책의 가장 큰 특징은 남아시아와 중앙유라시아(옛 유목지대)를 한 장에서 다룬다는 점입니다. 남아시아와 중앙유라시아는 유라시아대륙의 한가운데서 유라시아대륙의 사상적·경제적 교류를 주도했습니다. 또한 두 지역은 각각 히말라야산맥의 남과 북에 위치해 히말라야산맥의 영향을 가장 많이 받기도 했습니다. 찬찬히 읽으면 두 지역의 역사성을 느낄 것입니다.

　중국과 인도 사이에서 다양한 모습을 보이는 동남아시아를 가장 마지막에 배치했습니다. 우리에게 친숙한 동남아시아는 각 나라의 지리와 역사에 좀 더 집중했습니다. 이미 출간된 서양 편과 함께 읽으면 넓게만 보였던 세계가 조금은 가깝게 느껴질 겁니다.

　지도로 세계 여행을 떠나듯이, 지리로 세계인들과 이야기를 나누듯이 이 책을 즐기길 바랍니다. 이 책을 통해 세계사와 세계지도, 국제 뉴스가 좀 더 가깝게 느껴진다면 소소하게나마 지식을 유통하는 제게는 더할 나위 없이 기쁜 일입니다.

차례

책을 펼치며 | 지리, 역사를 읽어내는 시공간   005

· CHAPTER 1 ·
지리가 만든 제국, 지리가 가둔 제국, 중국

중국의 자연지리 | 강이 만든 제국   015
어디까지가 '진짜 중국'일까   015
중국의 강남 개발이 늦어진 이유   023
한족이 영역을 확장하는 방법   030

중국의 역사 | '퐁당퐁당' 중국사   037
한족의 형성 과정   037
이민족과 함께 만든 역사   044
도읍지로 보는 중국사   049

중국의 지정학 | 지정학에 갇힌 제국   058
제국의 후예, 몽골의 현주소는   058
중국의 러스트 벨트, 만주   064
중국이 티베트에 집착하는 이유   070
중국의 바다와 대만의 지정학   075

중국 챕터 정리   081

· CHAPTER 2 ·
가깝고도 먼 이웃, 한국과 일본

한국과 일본의 자연지리 | 한반도와 일본 열도의 특징   085
한국인이 쇠젓가락을 쓰는 지리적 이유   085
일본에 신이 800만이나 있는 지리적 이유   093

한국과 일본의 역사 | 비슷하면서도 전혀 다른 역사   102
한국사는 왜 만주를 포기했을까   102
익숙한 한국사 비틀어 보기   108
일본사는 한국사와 얼마나 다를까   114
역사로 보는 한일의 지정학   121

한국과 일본의 인문지리 | 땅이 들려주는 역사 이야기   127
지명으로 보는 한국사   127
일본사의 라이벌, 간사이와 간토   133

한국과 일본 챕터 정리   139

· CHAPTER 3 ·
동서양의 스승, 남아시아와 중앙유라시아

남아시아와 중앙유라시아의 자연지리 | 히말라야의 영향력 143
유럽보다 작은 곳에 18억 명이 몰려 사는 이유 143
세계사를 수놓았던 유목민들의 지도 150

남아시아와 중앙유라시아의 역사 | 민족과 종교의 교차로 159
계보와 혈통으로 보는 유목사 159
종교로 보는 남아시아사 165

남아시아와 중앙유라시아의 인문지리 | 분쟁이 끊이지 않는 이유 172
인도와 파키스탄은 어쩌다 핵까지 개발했을까 172
아프가니스탄의 계속되는 비극 178
한 나라가 될 뻔했던 중앙아시아 5개국 184
신장위구르는 독립할 수 있을까 188

남아시아와 중앙유라시아 챕터 정리 195

· CHAPTER 4 ·
인도와 차이나의 사이에서, 동남아시아

동남아시아의 자연지리와 역사 | 다양한 정체성이 공존하는 곳   199
동남아시아가 뭉치기 힘든 지리적 이유   199
동남아시아가 선진국이 되지 못한 역사적 이유   208

동남아시아의 인문지리 | 인도-중국 문명의 그러데이션   215
앙코르와트의 나라, 캄보디아의 잔혹사   215
임금님 사진에 손도 못 대는 태국   221
베트남은 친중 국가일까   226
필리핀의 양극화는 어디에서 왔을까   232
세계 최대의 이슬람 국가, 인도네시아   239
싱가포르가 말레이시아에 이혼당한 사연   244

동남아시아 챕터 정리   250

책을 마치며 | 사람에 관한 이야기, 지리   251

· CHAPTER 1 ·

지리가 만든 제국,
지리가 가둔 제국,
중국

―
넓은 영토와 방대한 역사를 자랑하는 중국,
복잡한 만큼 중국의 지리와 역사를 이해하는 방법도 다양합니다.

중국의 자연지리
강이 만든 제국

중국의 지리를 공부할 때 절대 빠뜨리면 안 되는 요소가 바로 '강'입니다. 중국의 강만 제대로 알아도 중국 지도 절반은 이해할 수 있습니다. 강을 중심으로, 한족의 나라 중국에 대해 지금부터 알아봅시다.

어디까지가 '진짜 중국'일까

중국은 '본토China proper'가 따로 있다

중국中國, China이라고 하면 우선 광대한 영토가 떠오릅니다. 중국의 면적은 약 960만km²로, 약 1천만km²인 유럽대륙과 비슷하죠. 한반도 면적(22만km²)의 약 45배, 남한 면적(10만km²)의 약 96배에 달합니다. 인구 면에서 중국과 경쟁하는 인도(약 330만km²)와 비교해도, 압도적인 면적을 자랑합니다.

하지만 역사적으로 '진짜 중국'을 따지고 들면 이야기는 달라집니다. 중국이라는 나라의 정체성은 '한족漢族'에 있습니다. 중국은 공식적으로 56개 민족으로 구성돼 있지만, 중국 인구의 90% 이상은 한족이에요. 나머지 소수민족은 중국이라는 국가 정체성을 위협하지 않으면 인정받지만, 위협이 된다고 판단되면 티베트나 신장위구르처럼 가혹하게 탄압받습니다. 그래서 중국은 한족의 나라라고 말할 수 있습니다.

　흥미로운 점은 한족의 정체성을 강조할수록 중국의 영역은 줄어든다는 거예요. 역사적으로 한족은 지금처럼 넓은 영토를 다스린 적이 없기 때문이죠.

중국의 전체 면적은 유럽과 비슷하지만, 역사적으로 한족이 점유하던 진짜 중국은 지금처럼 넓지 않았습니다. '중국 본토'란 만주, 내몽골, 신장위구르, 티베트를 제외한 한족의 영역을 가리킵니다.

만주라 불리는 동북3성(지린성·랴오닝성·헤이룽장성)의 크기는 약 80만km²이고, 내몽골(네이멍구) 자치구는 약 118만km², 신장위구르 자치구는 약 166만km²입니다. 티베트 자치구는 약 120만km²이지만, 전통적인 티베트권은 약 250만km²에 달합니다. 이 지역은 한족이 세운 국가들은 제대로 지배한 적이 없어요. 이곳들을 제외하면, 역사적으로 한족이 점유했던 지역은 약 380만km²에 불과합니다. 현재 중국 면적의 3분의 1에 불과하죠.

한족의 영역은 대개 '중국 본토'라고 부릅니다. 우선 중국 본토의 자연지리부터 살펴보려고 합니다. 그리고 청나라 무렵부터 한족과 묶이게 된 (내)몽골, 신장위구르, 티베트 등의 지역은 따로 다룰 예정입니다.

한족의 젖줄을 찾아서

중국의 지리를 설명할 때 가장 먼저 알아야 하는 것이 '강'입니다. 중국은 전 세계에서 가장 비옥한 평원을 가진 데다, 한족은 그 평원을 기반으로 가장 부유한 역사를 누렸기에 강이 지닌 역사적, 지리적 의미가 크기 때문입니다. 중국의 강만 제대로 알아도 중국 지리와 지도 절반은 이해할 수 있습니다.

중국 본토의 3대 강을 꼽으라면 '하河, 수水, 강江'이 있어요. 하는 북중국을 대표하는 황하黃河(황허), 수는 북중국과 남중국의 경계인 회수淮水(화이수이·화이허강), 강은 남중국을 대표하는 장강長江(창장·

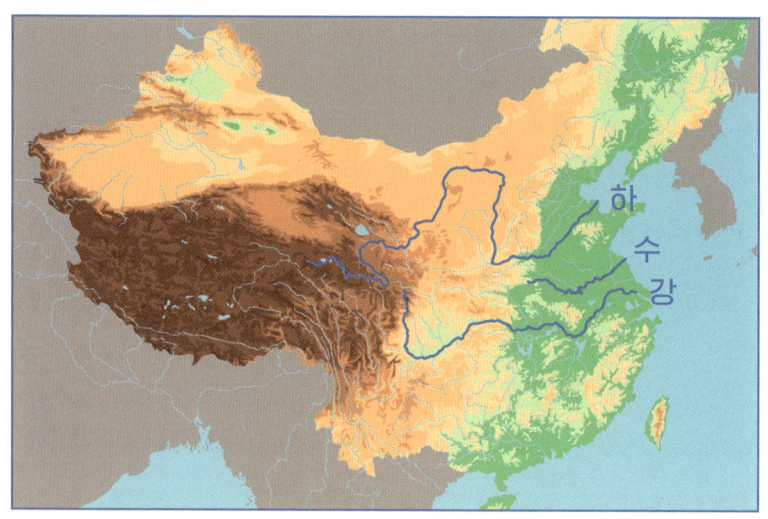

중국 본토의 3대 강으로는 '하, 수, 강'이 있습니다. 하는 북중국의 황하, 수는 남북의 경계인 회수, 강은 남중국의 장강을 가리킵니다.

양쯔강)이죠.

 첫 번째로 '하'를 이야기하기 전에, 간단한 퀴즈를 풀어봅시다. 중국 건국 신화에서 중국 땅을 처음 통일한 군주이자, 문명의 창시자가 누구일까요? 황제黃帝입니다. 한자를 잘 봐야 해요. 흔히 쓰는 황제皇帝, Emperor가 아니라 '누를 황黃' 자를 쓰는 황제죠. 그렇다면 중국 문명에서 사후 세계를 뭐라고 부르나요? 황천黃泉입니다. 이때도 '누를 황' 자를 써요. 중국의 군주가 사는 궁전엔 어떤 색 기와를 쓸까요? 황색 기와를 씁니다. 중국의 군주가 입는 옷인 곤룡포는 황포黃袍라고도 하죠. 이렇듯 한족은 '누를 황' 자를 참 좋아합니다. 그만큼 한족에게 황하가 갖는 의미는 크겠죠. 오죽하면 황하의 하 자가 옛날에는 황하를 가리키는 고유명사였어요. '하'라고 부르면 그 자체로 황하를 가리켰던 거죠. 그러다가 '물', '강'을 의미하는 보통명사가 되었습니다.

황하는 말 그대로 '누런 강'이에요. 상류의 황토 고원을 지나면서 물이 탁해졌기 때문입니다. 누런 강에서 식수를 해결해야 했던 한족은 자연스럽게 물을 끓여 먹기 시작했고, 그 덕에 중국은 차 문화가 발달했죠. 황토 고원은 황하를 거칠게 만들기도 했어요. 하류로 갈수록 토사(흙)가 쌓여서 3년에 두 번 정도는 대홍수를 일으킨대요. 중국 역사 내내 물줄기도 계속 변했죠. 황하의 별명이 '중국의 슬픔', '한족의 재앙', '한족의 골칫거리'일 만큼, 황하는 거친 강이었고 치수治水가 힘들었습니다.

하지만 황토는 영양분도 풍부하고 통기성, 투수성도 우수해서 물만 잘 다스리면 비옥한 논밭을 일굴 수 있었죠. 북중국 지역의 지형이나 기후는 사실상 반半사막이라 할 만큼 건조하지만, 황하 덕분에 문명의 요람이 되었습니다. 이집트 문명에서 나일강이 갖는 의미와 비슷한 거죠. 나일강의 '나일'도 원래는 '강'이라는 뜻이었대요. 그만큼 이집트 사람들에게 나일강과 한족에게 황하는 압도적인 의미가 있어요.

황하의 파생상품: 하북, 하남, 하서회랑

'하'는 인근 지명에도 영향을 끼쳤어요. 황하 북쪽을 허베이河北(하북)이라고 해요. 중국의 광역행정구역 중에도 허베이성이 따로 있죠. 춘추전국시대에는 연燕나라가 있던 지역, 《삼국지》에서 원소의 영토인 기주와 유주가 하북 지역이에요.

황하 남쪽은 허난河南(하남)으로 불려요. 여기가 한족 문명의 발상지예요. 상商나라의 수도 은허가 허난에 있었고, 중국 왕조의 옛 수도인 뤄양洛陽(낙양), 카이펑開封(개봉)은 전부 허난에 있었어요. 춘추전국시대에는 40여 개 나라가 난립할 정도로 큰 성읍이 많았다고 합니다. 《삼국지》에서 조조가 거병한 연주兗州, 원술이 머무른 예주豫州가 허난에 속했어요. 《삼국지》3대 전투로 불리는 관도대전도 지

하서회랑은 '황하 서쪽에 있는 길고 좁은, 복도 같은 지역'을 가리켜요. 유라시아대륙을 잇는 무역로 비단길(실크로드)은 이곳에서 시작합니다.

금의 허난성 정저우시 일대에서 치러졌습니다.

황하에 영향을 받은 지명이 하나 더 있습니다. 하서회랑河西回廊, 하서주랑河西走廊이라고 불리는 곳으로, '황하 서쪽에 있는 길고 좁은(복도 같은) 지역'이라는 뜻이에요. 중국 본토 북쪽에는 몽골고원이, 서쪽에는 티베트고원이 있는데, 그 사이에 길쭉하면서 덜 높고 덜 사막화된 지역이 하서회랑이에요. 유라시아대륙을 잇는 무역로 비단길(실크로드)은 이곳에서 시작합니다. 《삼국지》에서 동탁, 마등, 마초가 있던 양주凉州, 서량西凉이 하서회랑 지역이에요. 유네스코 세계유산 '둔황석굴(막고굴)'이 하서회랑에 있고, 현재는 간쑤성 지역이죠.

산으로 보는 중국

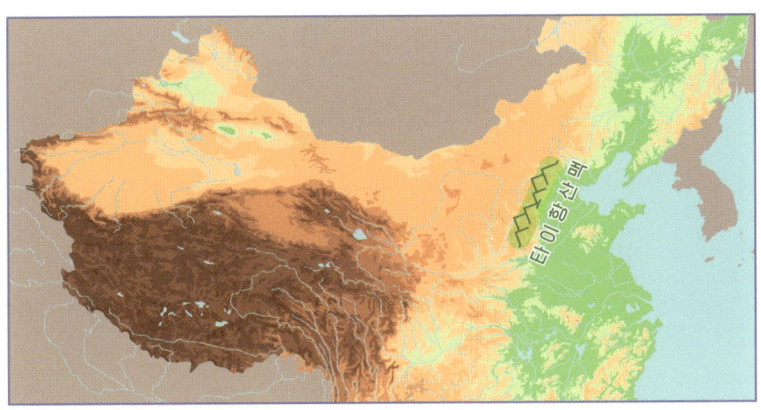

중국 서쪽의 구릉지대와 동쪽 평원지대의 경계에 있는 산맥이 '타이항산맥'이에요. 산둥성과 산시성도 각각 타이항산맥의 동과 서에 있다고 해서 그런 이름이 붙었습니다.

중국 지형은 서고동저西高東低로, 서북쪽이 높고 동남쪽이 낮습니다. 서북쪽엔 몽골고원과 티베트고원이 있고, 동남쪽엔 바다가 있어요. 중국 본토의 지형만 보면 서쪽의 구릉지대와 동쪽의 평원지대로 구분되는데, 그 경계에 있는 산맥이 '타이항太行산맥'이에요. 남북으로 약 400km에 걸쳐 있는데, '중국의 그랜드캐니언'으로 불릴 만큼 협곡이 웅장합니다. 중국 광역행정구역 중에 산둥성山東省, 산시성山西省은 타이항산맥 때문에 붙은 이름이에요. 맥주의 도시 칭다오青島(청도)가 있는 산둥반도는 타이항산맥 동쪽에 있는 반도예요.

강은 사람과 물자가 오가게 하지만, 산은 사람(생활권)과 물자를 나눕니다. 허베이(하북)와 허난(하남)의 차이보다 산둥(산동)과 산시(산서)의 차이가 훨씬 커요. 동쪽의 산둥 지방은 평야 지대라 농사도

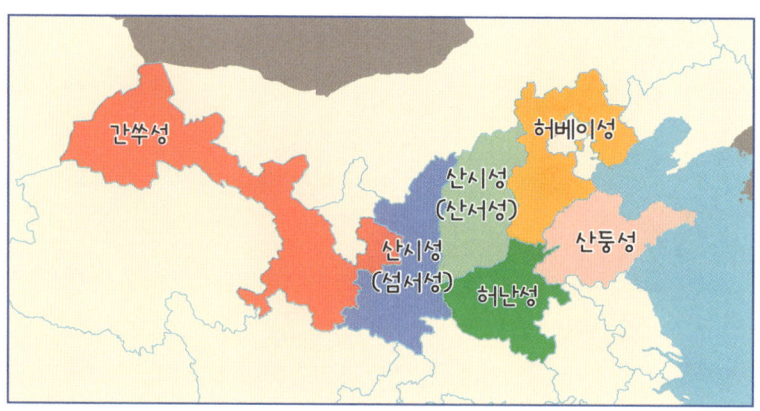

황하 및 타이항산맥과 붙어 있는 중국의 6개 성은 오래전부터 한족의 중심지였습니다. 《삼국지》의 조조가 세운 위魏나라의 영토와도 비슷하죠.

잘되고, 바닷가에 위치해서 무역도 발달했어요. 반대로 서쪽의 산시 지방은 오랫동안 한족과 이민족을 나누는 국경의 역할을 했어요. 유목 민족들이 대대적으로 중국을 침략했던 5호16국 시대에 유목 민족들은 산시 지방을 거쳐 남쪽으로 내려옵니다.

중국 발음으로 산시성은 두 군데입니다. 오른쪽(동쪽) 산시성은 타이항산맥 서쪽에 있다는 뜻의 산서성山西省이고, 왼쪽(서쪽) 산시성은 섬서성陝西省이에요. 이곳은 오래전부터 관중關中 지방이라고 불렸어요. 북쪽의 소관, 동쪽의 함곡관, 남쪽의 무관, 서쪽의 대산관 가운데 있어서 이런 이름이 붙었죠. 관중은 중국 서부 구릉지대(황토고원) 안에 있는 분지예요.

관중은 중국 역사에서 가장 오묘한 지역입니다. 춘추전국시대까지는 오랑캐로 취급받았지만, 중국 고대사에서 가장 오랫동안 수도였던 곳이기도 해요. 고대 국가인 주周나라의 수도 호경鎬京, 춘추전국시대를 통일한 진秦나라의 수도 셴양咸陽(함양), 초한대전을 끝낸 한漢나라의 수도이자 세계 제국으로 거듭난 당唐나라의 수도 시안長安(장안)이 전부 관중에 있었으니까요.

중국의 강남 개발이 늦어진 이유

장강 vs. 양쯔강, 너의 이름은

북중국의 젖줄이 황하라면 남중국의 젖줄은 장강이에요. 장강은 이름 그대로 중국에서 가장 긴 강이에요. 6,300km에 달해 세계에서 세 번째로 길죠. 고대 중국에서 '하'라는 글자가 황하를 가리켰듯,

'강'이라는 글자는 장강을 가리키는 고유명사였어요. 그래서 강 자가 들어가면 주로 장강과 관련이 있죠. 장강의 남쪽 또는 중하류를 강남江南, 장강의 동쪽 지역을 강동江東이라고 불렀습니다. 소설 《삼국지연의》에서도 손견을 '강동의 호랑이'라고 불렀죠.

그런데 지금은 양쯔강이라는 명칭이 더 널리 쓰이는 것 같습니다. 외국에선 양쯔강을, 중국인들은 장강을 많이 사용한다고 해요. 원래 이름은 장강인데, 외국에는 양쯔강으로 알려져서 그렇습니다. 양쯔강은 원래 장강의 일부를 가리켰거든요. 사실 장강은 구역별로도 이름이 있습니다. 타타하, 통천하, 금사강, 형강, 심양강, 양쯔강, 경강 등이지요. 그런데 서양 선교사들이 장강의 양쯔강 지역에 갔다가 그 이름을 들었고, 그 후로 외국에서는 양쯔강이 장강을 가리

장강은 이름 그대로 긴 강으로, 이름도 많고 지류도 많고 유역 면적도 넓습니다. 장강의 특징을 알면 남중국의 인문·지리적 특징을 이해하기 쉽습니다.

키는 이름으로 쓰인 것이죠.

　그런데 장강은 왜 이렇게 이름이 많을까요? 첫 번째 이유는 장강이 너무 길고 지류(갈라진 물줄기)가 너무 많아서예요. 장강의 지류는 한수강, 황포강, 민강 등 수십 개나 됩니다. 옛날 사람들은 장강을 하나의 강이라고 생각하지 못하고 각기 다른 강으로 여겨 따로 이름을 붙인 거죠.

　두 번째 이유는 장강 유역이 중앙집권화된 역사가 상대적으로 짧기 때문입니다. 선사시대까지 장강 유역은 황하와 다른 문화권이었어요. 하지만 중국 본토의 주도권을 황하 유역이 거머쥐면서 장강 유역은 변방으로 취급받죠. 춘추전국시대에 초나라, 오나라 등이 장강에서 발달했는데, 다른 나라에서는 이들을 오랑캐처럼 대했습니다. 한족이 장강 유역으로 쫓겨 내려간 남북조시대 전에는 지방 정권, 지방 군벌이 많았습니다. 《삼국지》에 나오는 오나라도 지방 호족의 입김이 셌어요. 각각의 정권은 그곳을 흐르는 장강을 각자 달리 불렀고, 그 탓에 이름이 많아졌습니다.

강남 개발이 늦어진 이유

장강 유역은 왜 황하 유역보다 중앙집권화도, 개발도 늦어졌을까요? 지리와 기후 때문에 그렇습니다.

　남중국의 지리는 생각보다 굉장히 복잡합니다. 사실 남중국에는 평원보다는 구릉과 산지가 많습니다. 그나마 청두가 있는 쓰촨四川(사천) 지방, 우한이 있는 후베이湖北(호북) 지방, 난징과 상하이가 있는 장강 하류 북부에 평원이 있죠.

장강 유역의 개발이 황하 유역보다 늦은 것은 남중국에 구릉과 산지가 많기 때문입니다. 그나마 난징과 상하이는 장강 하류 북부 평원에 위치해 있어서 도시로 발달할 수 있었죠.

　기후도 중요한 역할을 했어요. 현재의 남중국은 살기 좋은 기후이지만, 예전엔 너무 더웠어요. 주나라, 춘추전국시대, 한나라까지 중국 기온은 지금보다 높았습니다. 지금은 냉대·건조기후에 속하는 황하 유역은 과거엔 인간이 문명을 꽃피우기에 좋은 온난하고 습윤한 기후였다고 해요. 장강 유역은 지금보다 더 덥고 습해서 광저우나 동남아 북부 같은 아열대 기후였대요. 한족은 농사를 지으며 문명을 일궜지만, 당시 농업 기술로는 농사짓기 힘든 곳이었어요. 그래서 남중국에는 한족에 동화되지 않은 사람들이 많았죠. 그러다가 중국이 통일된 진晉나라 무렵에 중국의 기온이 내려갔고, 남중국에서 벼농사를 지을 수 있는 환경이 조성되었습니다.

하지만 남중국만 기온이 떨어진 게 아니었어요. 북아시아 유목지대도 기온이 내려가면서 유목민들의 삶이 팍팍해졌고, 북쪽의 유목민이 한족이 살던 황하 유역으로 밀고 들어옵니다. 5호16국 시대에 황하 유역을 빼앗긴 한족은 벼농사를 짓기 좋은 남중국으로 내려가 남중국을 본격적으로 개발하기 시작한 겁니다. 그러면서 남북조시대가 열렸죠.

적벽대전은 호수에서 일어났다?

중국은 호수도 많아서 2만 개가 넘는다고 해요. 면적이 $1{,}000km^2$ 이상인 특대형 호수만 10개가 넘어요. 서울 면적이 $600km^2$인데, 서울보다 큰 호수가 10개가 넘는 거죠.

그중에서 대표적인 호수 3개만 살펴봅시다. 중국 본토에서 호수가 가장 많은 곳이 장강 유역으로, 중국을 대표하는 호수인 둥팅호洞庭湖(동정호)도 장강 유역에 있어요. 하가 황하를, 강이 장강을 가리키듯, 호수 호湖 자도 원래는 둥팅호를 가리키는 고유명사였어요. 남중국에 있는 후베이(호북)과 후난(호남) 지방을 나누는 것이 둥팅호입니다. 워낙 큰 호수라 농사에도 중요했고, 군사 훈련지로도 쓰였으며, 경치가 좋아서 관광지로도 유명합니다. 작품마다 다르겠지만, 무협지에 나오는 무림맹은 주로 둥팅호에 있다고 표현되죠.

둥팅호는 장강 유역에서 가장 큰 호수였어요. 하지만 퇴적물이

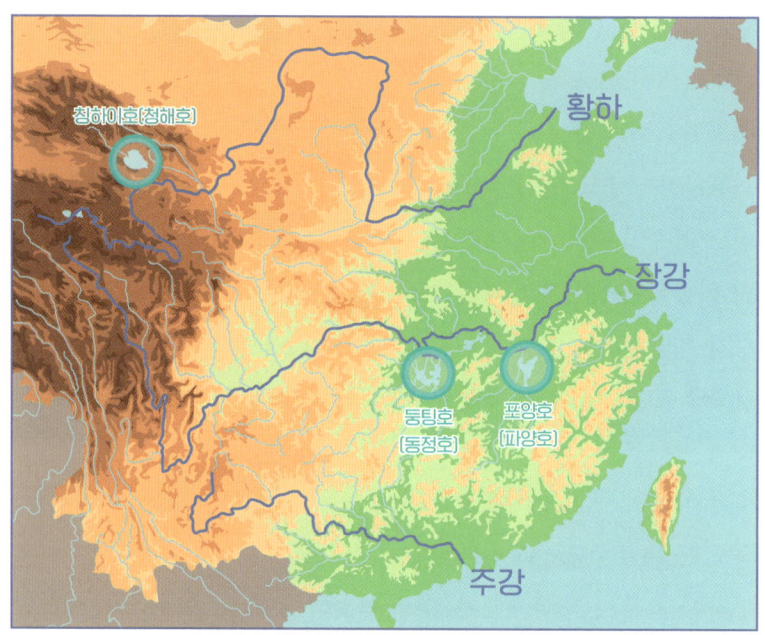

중국의 3대 호수로는 칭하이호, 둥팅호, 포양호를 꼽습니다. 칭하이호는 중국에서 가장 큰 호수이고, 둥팅호는 호남과 호북의 경계이며, 포양호는 적벽대전의 모티브인 파양호대전의 격전지입니다.

쌓이면서 면적 1위를 빼앗겼습니다. 현재 장강 유역에서 가장 큰 호수는 포양호鄱陽湖(파양호)예요. 명나라를 세운 주원장은 파양호대전에서 승리하면서 중국의 최강자로 발돋움했고, 이는 《삼국지연의》에서 적벽대전의 모티브가 됩니다. 소설에선 《삼국지》 최고의 전투로 묘사되지만, 역사 기록에는 그리 중요하게 다뤄지지 않아요. 나관중이 당시 가장 유명했던 수전水戰인 파양호대전을 참고해 적벽대전을 각색하면서 지금처럼 재미가 더해졌던 거죠.

그런데 중국 전체에서 가장 큰 호수는 둥팅호도, 포양호도 아닙니다. '푸른 바다'라는 이름을 가진 칭하이호青海湖(청해호)예요. 중국 내륙의 칭하이성도 여기서 이름을 따왔어요. 깊은 내륙 지방에 거대한 호수가 있는 게 신기할 뿐입니다. 물은 높은 곳에서 낮은 곳으로 흐르죠. 티베트고원과 칭하이호는 세계에서도 손꼽히는 고지대라 많은 강이 이곳에서 시작합니다. 중국을 대표하는 황하와 장강도 티베트고원과 칭하이성에서 발원해요. 물이 많이 흐르니 자연스레 호수도 생기죠.

동남아시아의 고향을 찾아서

중국과학원 유전발육생물학연구소는 2005년에 연구 결과 하나를 발표합니다. "남중국과 북중국의 한족은 유전자 구조상 차이가 있고, 그 차이는 인근 소수민족과의 차이보다 크다"라는 것이었죠. 한족은 북방계와 남방계로 나뉘는데, 이들의 유전적 차이가 상당히 크다는 말입니다.

북방계 한족과 남방계 한족의 경계는 어디일까요? 푸젠성에 있는 우이산과 후난성과 광둥성을 가르는 난링南嶺산맥이라고 해요. 지금의 행정구역으로 보면 푸젠성, 광둥성, 광시좡족 자치구 사람들은 이북 사람들과 유전적으로 상당히 다르다는 거죠. 이 지역은 춘추전국시대에 오랑캐 취급을 많이 받던 월越나라가 있던 곳이에요.

많은 학자는 '월'이라고 불린 이들이 동남아시아인의 조상이라고 봐요. 인류학·언어학적 분석에 따르면, 베트남, 라오스, 태국, 미얀마의 주류 민족은 남중국에서 온 것으로 추정됩니다. 중국 방언만 봐도 표준 중국어와 남부 사투리가 너무 달라서 한자가 없으면 대화가 통하지 않는다고 해요. 남부 사투리는 중국말이 아니라 동남아시아 말에 더 가깝게 들리죠.

참고로 이 지방의 젖줄 역할을 하는 강은 따로 있습니다. '주강珠江, Pearl River(주장)'입니다. 주장강이라고도 하는데, '역전 앞'과 같은 표현이지만 외국에선 그렇게 부르기도 합니다. 주강은 장강과 황하에 이어 중국에서 세 번째로 긴 강입니다. 물길도 많아서 교통로로 이용되었고, 하류엔 삼각주(주강 델타)가 형성돼 농업도 잘됐대요. 주강 델타에는 중국 근대화의 상징인 광저우와 홍콩이 있죠. 고대에는 오지로 취급받았지만, 근대 이후로 가장 눈부시게 발전한 지역이 주강 유역인 셈이에요.

한족이 영역을 확장하는 방법

확장하는 한족, 넓어지는 중원

중원中原, central districts을 사전에서는 '중앙에 위치한 넓은 평원'이라고 풀이합니다. 스포츠 경기나 선거에서도 '중원 싸움이 치열하다'는 표현을 쓰죠. 하지만 역사적으로는 '중국의 핵심 지역'을 가리키기도 합니다. 그렇다면 중원은 어디부터 어디까지일까요? 좁게 보면 황하 중류, 지금의 허난성 일대를 가리켜요. 좀 더 넓게는 황하 유역을 중원이라고 부르죠. 더 넓게는 한족의 영역 전체를 가리키기도 하고요. 무협지에서 '중원'이라는 단어는 그 시대의 중국 왕조, '중국 그 자체'를 뜻합니다.

　사실 중원이라는 단어는 한족의 세계관에서 나온 단어예요. 한족은 자신들이 사는 지역이 세상의 중심이고 자신들을 중화中華, 즉 '가운데 사는 빛나는 사람들'이라고 추켜세웠어요. 반대로 자신들을 둘러싸고 있는 이민족은 북적北狄(북쪽에 있는 이리 같은 오랑캐), 서융西戎(서쪽에 있는 창 잘 쓰는 오랑캐), 동이東夷(동쪽에 활 잘 쏘는 오랑캐), 남만南蠻(남쪽에 벌레 많은 곳의 오랑캐)이라고 불렀죠.

　그런데 한족의 영역이 넓어지니 원래 오랑캐의 영역이라고 생각

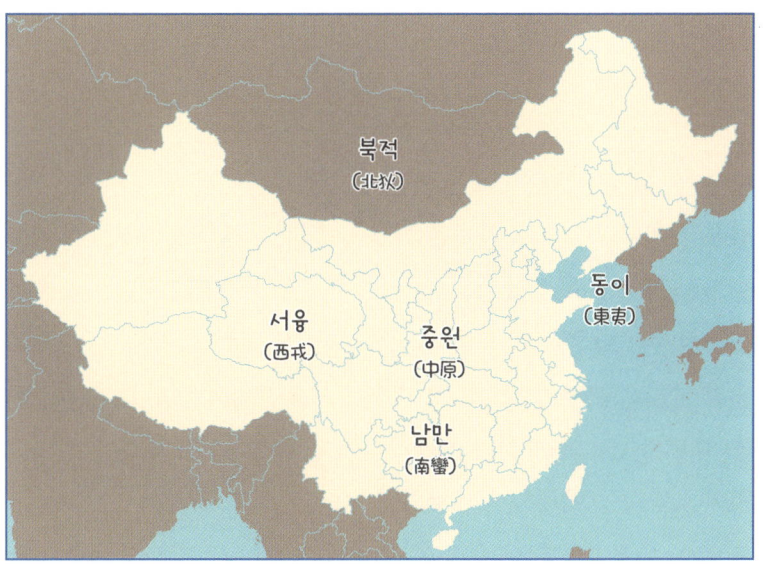

한족은 자신들이 있는 지역을 세상의 중심인 '중원'으로, 자신들을 둘러싼 이민족들은 북적, 서융, 동이, 남만이라고 불렀어요.

했던 곳도 중원이 돼버렸죠. 먼 옛날 상나라-주나라 시기의 산둥반도는 한족에 동화되지 않고 별도의 문화권이 형성돼 있었어요. 그래서 한족은 산둥반도에 살던 사람들을 '동이, 래이來夷'라 불렀죠. 그러다가 산둥 지역도 중원에 편입됩니다.

동북아시아에서 중원이라는 단어는 지리적이기보다는 문화적이고 정치적으로 쓰여요. 한족의 영향을 받은 동북아시아, 특히 우리 조상도 같은 용어를 사용했어요. 고구려는 신라를 동이, 백제는 마한의 소국들을 남만, 신라는 발해를 북적이라고 불렀다는 기록이 있어요. 일본에서도 혼슈에 사는 사람들이 규슈에 사는 사람을 남만이라고 불렀습니다. 이렇듯 중원, 남만, 동이 등의 용어는 부르는 사람에 따라 달라지곤 합니다.

중국 본토를 절반으로 나눈다면

황하를 젖줄로 하는 북중국과 장강을 젖줄로 하는 남중국의 경계는 친링秦嶺산맥과 회수예요. 우선 친링산맥은 춘추전국시대를 통일한 진나라가 있던 산맥이라 이런 이름이 붙었는데, 《삼국지》에서 유비의 촉나라와 조조의 위나라가 대치한 경계선이었습니다. 시안과 한중 사이에 있는 산맥이라고 생각하면 됩니다. 이 산맥 때문에 촉나라와 위나라는 서로 공격하기가 힘들었죠.

"귤이 회수를 건너면 탱자가 된다"라는 속담 들어보셨나요? 이때 등장하는 회수는 북중국과 남중국의 경계입니다. 이 속담은 춘추전국시대 때 만들어진 '남귤북지南橘北枳 귤화위지橘化爲枳'라는 고사성어에서 비롯됐어요. '사람이 어디 있느냐에 따라 선해지기도, 악해지기도 한다'는 뜻으로, 출신지보다는 현재의 환경이 사람에 더 큰 영향을 끼친다는 말입니다.

하지만 중요한 건 귤도 탱자로 만드는 회수의 힘이에요. 회수를 경계로 기후가 달라지고, 자연환경이 다르니 인문 환경도 달라지죠. 회수 북쪽은 밭농사 지역이고, 남쪽은 벼농사 지역이에요. 황사가 심한 회수 북쪽과 달리 회수 남쪽은 황사가 약한 편이라 "회수만 건너면 평균 수명이 3년은 늘어난다"라는 말도 있어요. 교통도 달라요. 북쪽은 말타기에 좋고 남쪽은 배가 편해서, '남선북마南船北馬'라는 사자성어가 있습니다.

이렇듯 회수가 지닌 자연적, 인문적 의미 때문에 북쪽의 황하, 남

"귤이 회수를 건너면 탱자가 된다"라는 속담에 등장하는 회수는 북중국과 남중국을 나누는 강입니다.

쪽의 장강과 함께 중국의 3대 하천으로 꼽힙니다.

사천 음식이 매운 이유

친링산맥 남쪽엔 쓰촨(사천) 지방이 있습니다. 쓰촨은 우리에게도 친숙한데, 마파두부, 마라탕, 마라샹궈가 쓰촨요리예요. 대한민국 임시정부가 충칭에 있었고, 한국 사람들이 좋아하는《삼국지》의 촉나라가 쓰촨 지방을 기반으로 세워진 나라죠.

쓰촨이라는 이름은 원나라 때부터 쓰이기 시작했어요. 춘추전국시대 때 파나라와 촉나라가 있어서 파촉巴蜀, 촉蜀 지방이라고 불리기도 했죠. 그러다가 원나라 때 '사천 등처행중서성(사천행성)'이라는 행정구역이 만들어졌고, 이 지명은 명나라, 청나라 때에도 쓰였습니다. 한자 의미는 '4개의 천'으로, 장강, 민강, 타강이 흘러서 사천이 됐다는 설이 있고, 송나라 행정구역인 천협사로川陝四路, 즉 '강과 평원 사이의 네 길'에서 비롯했다는 설도 있습니다. 어쨌든 강과 평원이 많은 곳이죠.

쓰촨은 사방이 산지로 둘러싸인 분지예요. 약 5,500만 년 전에 인도판과 유라시아판이 충돌하면서 히말라야산맥을 비롯해 티베트와 중앙아시아의 고원이 생깁니다. 그 지질학적인 움직임이 쓰촨지방에도 영향을 미칩니다. 쓰촨성 남쪽 윈난성에는 윈난고원이 있어서, 남쪽 지방이라도 선선한 편이에요. 윈난고원은 중국과 동남아시아의 자연적인 국경 역할을 하죠.

쓰촨의 별명은 천부지국天府之国입니다. '하늘이 곳간을 내려준 지

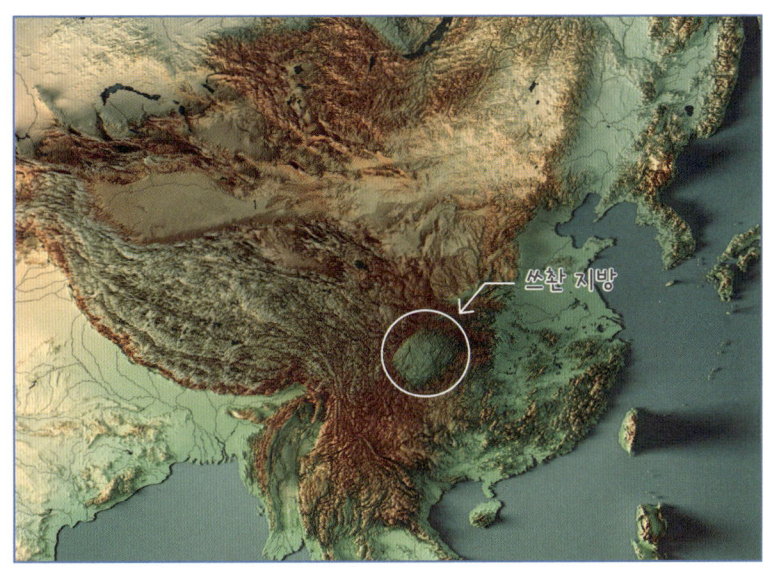

쓰촨 지방

쓰촨은 사방이 산지로 둘러싸인 분지로, 방어하기에도 좋고 땅이 비옥합니다. 진나라, 한나라가 쓰촨 지역을 배후지로 삼아 천하를 통일했습니다.

방'이라고 할 만큼, 땅이 비옥하고 식재료가 풍부합니다. 춘추전국 시대를 통일한 진나라, 초한대전에서 승리한 유방의 한나라가 관중 땅을 도읍으로, 파촉 땅을 배후지로 삼아 천하를 통일했죠.

쓰촨 하면 요리가 유명합니다. 쓰촨 요리는 '일채일격一菜一格 백채백미百菜百味'라고 하는데, "요리 하나에도 독특한 품격이 있고, 요리마다 각각 다른 맛이 난다"는 뜻이에요. 특히 쓰촨 요리는 '마라 맛'이 유명하죠. 쓰촨 요리는 왜 매울까요? 우리나라 호남 음식의 간이 센 것과 비슷한 이유에서입니다. 쓰촨 지방은 습하고 더워서 음식이 상하기 쉬웠기에 강한 향신료를 이용해 고온의 기름으로 조리하는 방식이 자리 잡습니다. 한편 매운 음식을 먹으면 땀이 많이 나므로 습한 기후에서 체온을 조절하는 데 도움이 된다고 합니다.

쓰촨 요리가 유명해진 데는 1937년의 중일전쟁도 영향을 미쳤어요. 장제스가 이끄는 국민당 정부가 쓰촨 지방의 충칭으로 수도를 옮기면서 많은 인구가 쓰촨으로 흘러들었죠. 전쟁으로 삶이 피폐해지면서 자극적인 음식을 찾는 사람이 늘었고, 매콤한 쓰촨 요리가 더욱 유행합니다. 중일전쟁이 끝나고 쓰촨으로 이주했던 사람들이 고향으로 돌아가면서, 이 지방의 마라 맛이 전국 각지로 퍼졌던 겁니다.

황하 유역에서 문명을 시작한 한족은 장강 유역까지 영역을 넓히며 동아시아의 강자로 발돋움할 수 있었습니다. 근대가 다가오기 전까지는, 중국은 지리적 축복이 만든 제국이라 할 수 있죠.

중국의 역사
'퐁당퐁당' 중국사

중국은 분열과 혼란기, 통일기가 반복되며 역사가 '퐁당퐁당'했답니다. 흥망성쇠의 여섯 시기를 거친 중국의 역사 속으로 떠나볼까요?

한족의 형성 과정

한족은 단일민족이 아니다?

2007년, 중국 란저우대학에서 한 연구 결과를 발표합니다. "한족은 혈통 개념이 아니라 문화적인 개념"이라는 주제였어요. 중국과학원 유전발육생물학연구소도 2005년 한족의 유전자를 분석한 연구 결과를 발표하며 "중국의 한족은 문화적인 공동체일 뿐, 혈연적인 연대는 없는 집단이라는 사실이 확인됐다"라고 밝힙니다. 중국인의 90% 이상이 스스로 한족이라고 생각하지만, 혈통은 다르다는 이야기입니다.

'민족'이라는 개념 자체가 혈연보다는 문화적인 개념이죠. 내가

나를 어떻게 규정하는지 하는 '정체성의 문제'입니다. 그리고 중국의 역사는 한족의 정체성을 어떻게 확장했는지 보여주는 과정이기도 하죠. 실제로 중국의 역사는 '퐁당퐁당 역사'예요. 분열과 혼란기, 통일기가 '퐁당퐁당' 반복되거든요. 혼란기를 겪다가, 통일 왕조가 200~400년간 유지되고, 그 나라가 망하면 또 혼란이 찾아오고, 다시금 통일왕조가 들어서는 패턴으로 진행됩니다. 한족은 역사적으로 수많은 민족과 경쟁하고 교류하다 보니 그렇게 됐죠. 대표적인 민족이 우리 한민족으로, 중국 바로 옆에 있는 우리 조상은 중국과 많은 영향을 주고받습니다. 특히 중국의 한족과 한민족의 역사는 은근히 반비례 관계예요. 매번 그런 건 아니지만, 중국에 거대한 통일제국이 들어서면 우리 조상은 위기를 겪었고, 중국이 혼란기를 겪을 땐 동북아시아에서 우리 조상의 목소리가 높아졌거든요. 그래서 중국사를 우리 역사와 함께 비교하면서 살펴보는 재미도 있습니다.

저는 기나긴 중국의 역사를 여섯 시기로 구분하려 합니다. 각각 이름을 붙이자면, ① 신화에서 국가로, ② 한족의 정체성 형성, ③ 세계 제국으로 발돋움, ④ 유목 제국의 시대, ⑤ 제국의 확장과 쇠퇴, ⑥ 근대화의 노력과 시련으로 부를 수 있겠습니다. 그리고 나라 이름이 많이 나올 텐데, 우선 '주한당송원명청중'의 여덟 글자를 외워두면 편해요. 중국사의 대표적인 통일 왕조 8개로, 주周나라, 한漢나라, 당唐나라, 송宋나라와 원元나라, 명明나라, 청淸나라, 중화인민공화국입니다. 송나라와 원나라를 묶어주고, 명나라와 청나라를 묶어주면 여섯 시기로 맞아떨어집니다.

	중국		한국
	통일왕조	분열기	
① 신화에서 국가로	(하·상나라) 주나라		고조선
② 한족의 정체성 형성		춘추전국시대	
	(진나라) 한나라		삼국시대
		위진남북조시대	
③ 세계 제국으로 발돋움	(수나라) 당나라		남북국시대
		5대10국	
④ 유목 제국의 시대	송나라 원나라	요나라 금나라	고려
⑤ 제국의 확장과 쇠퇴	명나라 청나라		조선
⑥ 근대화의 노력과 시련	청나라 말기		구한말, 일제강점기
		군벌시대 중일전쟁 국공내전	
	중화인민공화국		대한민국

표1 통일기와 분열기로 보는 중국사

한족은 어떻게 만들어졌을까?

주나라가 들어서기 전에도 나라는 있었어요. 하夏나라와 상商나라가 있는데, 신화 같은 비현실적인 이야기와 역사적인 기록과 유적이 섞여 있는 시기죠. 신화가 역사가 된 시기, 국가가 형성된 시기로 이해하면 됩니다. 우리나라로 치면 단군신화로 시작된 고조선 같은 시기로, 역사의 프롤로그인 셈이죠.

이 시기엔 삼황오제三皇五帝와 하나라-상나라-주나라가 등장합니다. 삼황오제는 조금 낯설 텐데, 그리스·로마 신화처럼 창조·건국 신화입니다. 세 명의 황皇과 다섯 명의 제帝, 8명의 신 같은 임금님 이야기인데요. 앞에서 황하를 설명할 때 중국 문명의 창시자를 황제라고 했는데, 삼황오제 중 하나입니다.

중국에선 하나라부터 역사가 시작됐다고 하지만, 국제적으론 상나라와 주나라부터 역사 시기로 친다고 해요. 상나라도 신화와 전설로만 치부했지만, 갑골문자가 대거 발굴되면서 역사 시기로 인정받아요. 상나라는 예전에 은殷나라라고 불렸는데, 상나라의 수도에서 따온 이름이었어요.

기원전 1046년에 건국됐다는 주나라는 중국에서 유교적으로 가장 이상적인 나라로 여겨요. 주나라 초기의 왕과 정치가들은 모범적인 리더로, 주나라의 예법도 유교가 이상적으로 꿈꿨던 사회 질서와 비슷하거든요. 여기에 문자 체계와 주역 등의 문화적 유산도 유교에서 귀중한 자원이 됩니다.

하지만 기원전 771년에 이민족의 침략을 받아 휘청거리더니 급격하게 분열돼죠. 그 시기가 춘추전국시대로, 약 550년간 분열-혼란기를 겪어요. 주나라의 체계가 남아서 덜 혼란스러운 시기가 춘추시대, 나라와 사회 체제가 무너지면서 더 혼란스러운 시기가 전국시대예요. 춘추시대를 주도한 영웅을 춘추5패春秋五覇, 전국시대에 각 지역을 장악한 영웅은 전국7웅戰國七雄이라고 부르죠.

춘추전국시대를 통일한 건 한나라일까요? 그렇지 않습니다. 한나라 이전에 중국을 하나로 묶어준, 최초의 통일 왕조가 진시황제의 진秦나라예요. 진나라는 관중에 건국되는데, 처음엔 변방 취급도 받았지만 지리적인 장점을 활용해 전국을 통일하죠. 진시황제는 황제라는 말을 처음 만들고 스스로 황제 자리에 올랐기에 첫 황제라는 뜻에서 '시황제始皇帝'라고 불려요. 진나라는 기원전 221년에 전국시대를 통일하지만, 몇 년 지나지 않아 망하고 다시 혼란기가 찾아옵니다.

이 혼란기에 떠오른 두 영웅이 유방과 항우예요. 두 사람이 천하를 두고 경쟁한 초한대전은 장기의 모티브가 됐습니다. 전쟁에서 이긴 유방의 한나라가 중국을 통일하고 우여곡절을 겪으며 400년 가까이 유지되죠. 한나라 무제 시절인 기원전 108년, 고조선은 한나라의 침략으로 멸망합니다.

춘추전국, 진나라, 초한대전, 한나라 시기를 겪으며 한족의 정체성이 형성됩니다. 한족의 이름도 한나라에서 온 거예요. 중국의 고사성어, 철학 등 중국 문화의 상당수가 이때 만들어지죠.《열국지》,《초한지》,《삼국지》는 이 시기를 배경으로 하고, 공자·맹자·순자·노자·장자 등 중국의 초기 철학가인 '제자백가'가 춘추전국시대에 등장했어요.

제국은 어떻게 만들어졌을까?

중동에서 예수가 태어날 무렵(서기 8~23)에, 한나라가 잠시 망했다가 부활합니다. 그래서 한나라는 유방이 세운 전한前漢과 광무제가 세운 후한後漢으로 구분돼요. 그러다가 후한이 흔들리면서 약 400년간 혼란기를 맞습니다. 이 시기를 역사책에선 위진남북조시대라고 해요. 우리가 좋아하는 중국의 고전 《삼국지》는 위진남북조 혼란기의 시작을 배경으로 하죠. 이후 조조가 세운 위나라가 위촉오 삼국시대를 주도하고, 사마 씨의 진나라가 중국을 통일하죠. 하지만 5개의 이민족이 쳐들어와서 16개의 나라를 세우고, 진나라는 동남쪽으로 도망가요. 이를 5호16국시대라고 불러요. 북쪽에 있던 많은 이민족 왕국이 정리되고, 남쪽의 한족 왕조와 균형을 이루며 남북조시대가 옵니다. 말만 들어도 혼란스럽죠? 참고로 중국이 혼란기를 겪던 이 시기에 우리나라에선 고구려, 백제, 신라(+가야)의 삼국시대가 펼쳐집니다. 특히 고구려나 백제는 중국의 혼란기를 이용해 동북아시아에서 영향력을 행사하는 왕국으로 성장하죠.

한나라(후한)가 흔들리면서 맞은 위진남북조시대를 통일한 건 당나라가 아닙니다. 당나라 이전에 중국을 통일한 왕조가 있죠. 우리에겐 고구려와 싸우다가 망한 나라로 유명한 수隋나라입니다. 혼란기를 통일했지만, 얼마 안 가 당나라로 교체되고, 618년에 세워진 당나라는 907년까지 300년 정도 유지돼요. 당나라는 '세계 제국'이라는 말이 어울리는 나라예요. 동북아시아 질서를 주도했고, 다른 지역의 제국과 비교해도 경제적 문화적으로도 선진 국가였죠. 춘

한족과 이민족의 문화가 융합된 당나라는 '세계 제국'이라는 말이 어울리는 나라로 성장합니다. 동북아시아 질서를 주도했고, 경제적·문화적으로도 선진국이었죠.

추전국시대와 한나라를 거치면서 형성된 한족의 선진문화와 5호16국-남북조시대를 거치면서 형성된 이민족의 문화가 융합돼요. 이런 당나라의 문화를 '호한胡漢 문화'라고 부르기도 하죠. 참고로 이 시기에 우리나라는 고구려와 백제가 신라와 당의 연합군에 망했습니다.

그러다가 당나라도 쇠퇴하고 분열기를 맞습니다. 중심부를 장악한 5대의 왕조와 주변 지역의 10개 나라가 있던 5대10국시대가 온 것이죠. 다만 혼란기는 50~60년 만에 정리됩니다.

그 후 들어선 통일왕조가 송나라입니다. 960~1279년에 약 300년 간 유지된 송나라는 한족의 정체성을 최종적으로 완성했다고 할 수 있어요. 과거제와 같은 관료 제도를 정비하고, 중앙정부의 힘도 키웁니다. 성리학 등 정치철학도 확립하고, 과학기술이나 상업경제도 발달했죠.

이민족과 함께 만든 역사

원나라와 청나라는 중국 역사일까?

송나라는 거란족(요나라), 여진족(금나라), 몽골족(원나라) 등 이민족에게 많이 시달리기도 했습니다. 경제력도 좋았던 송나라는 왜 이민족에 주도권을 내줬을까요?

다양한 이유가 있겠지만, 당시의 기후 변화가 주요 원인으로 꼽

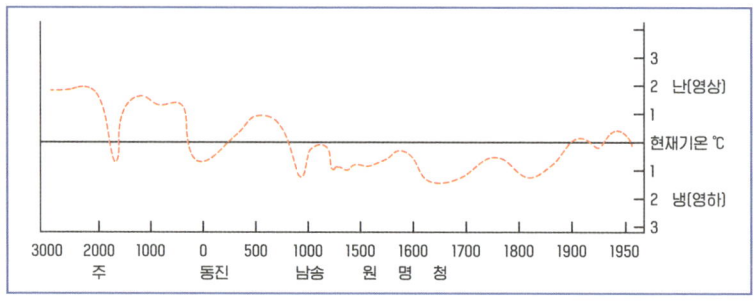

그래프 1 중국의 연평균 기온 변화 추론 곡선*

* 유소민, 《기후의 반역》, 성균관대학교출판부, 2005.

히곤 해요. 12세기에 들어서면 중국의 평균기온이 2도 가까이 떨어집니다. UN 보고서에 따르면, 지구온난화로 100년간 지구 기온이 2도가 오르면 10만 5,000종의 생물이 멸종된다고 합니다. 이런 기온 변화는 특히 추운 북방 민족에게 치명타였습니다. 기후 변화는 분열돼 있던 유목민이 뭉쳐서 강한 제국을 이뤄 중국 본토를 노리게 만들었습니다. 송나라는 유목 민족에게 굴복한 게 아니라, 기후 변화에 굴복한 셈이죠.

이 시기의 중국은 이민족의 나라인 요나라, 금나라, 원나라가 주도합니다. 송나라는 전 세계를 정복한 몽골제국의 침입을 40년 넘게 버텼지만, 유라시아대륙 전역을 정복한 몽골제국은 송나라까지 멸망시킵니다. 몽골제국의 대칸은 1271년에 나라 이름을 원나라로 바꾸며 중국의 지배자가 되었다고 선포하죠. 하지만 100년을 채 버티지 못하고 몽골초원으로 쫓겨나요. 송나라, 요나라, 금나라, 원나라가 세워지고 망하던 혼란한 시기에 우리나라에는 고려가 있었는데, 혼란한 동북아시아에서 자기 목소리를 내면서 흥망성쇠를 겪었습니다.

원나라를 초원으로 쫓아낸 건 한족의 왕조인 명나라였어요. 중국의 지배자가 원나라에서 명나라로 바뀔 무렵, 우리나라도 원나라와 가까웠던 고려에서 명나라와 가까운 조선으로 교체됩니다. 명나라 시기에 가장 유명한 사건은 '정화의 원정'이에요. 대선단을 이끌고 아프리카까지 진출하며 국제적인 위상을 드높인 것이죠. 주변국인 조선, 대월(베트남), 류큐 왕국이 대국으로 대하며 예를 갖췄고, 일본의 무로마치 막부도 명나라에 조공을 바쳤어요. 하지만 말기에 무능한 황제가 이어받으면서 망하고 맙니다. 임진왜란 때 명나라가 조선을 지원한 탓에 멸망을 재촉했다는 분석도 있습니다.

명나라가 멸망한 틈을 타, 만주에서 세워진 청나라가 중국 본토를 장악합니다. 그 과정에서 조선에서 일어났던 전쟁이 정묘·병자호란이죠. 이후에 유목민족으로서 키워온 군사력에 명나라의 경제력·기술력을 융합해 몽골, 신장위구르, 티베트를 정복해요. 지금 중국의 영토는 청나라가 물려준 셈이에요. 명나라가 동북아시아의 초강대국이었다면, 청나라는 동북아시아 대부분을 발아래 두었죠.

몽골족이 세운 원나라와 만주족이 세운 청나라를 중국의 역사로 볼 수 있는지 궁금할 텐데요. 이에 대해선 갑론을박이 있어서, 원나라를 중국사에 넣지 않는 학자도 많습니다. 하지만 저는 원나라와 청나라가 중국사에 포함된다고 봅니다. 중국사를 중국 본토의 역사로 한정한다고 해도, 중국사는 한족만의 역사는 아니기 때문이죠. 원나라, 청나라는 이민족의 제국에 한족이 지배당한 역사로, 수나라와 당나라의 황실도 선비족 출신이었어요.

하지만 한족은 자신만의 문화로 수많은 이민족을 동화시켰어요. 란저우대학 생명과학학원의 셰샤오둥謝小東 교수는 "DNA 조사 결과, 현대 중국인은 다양한 민족의 특질이 골고루 합쳐져 특정 민족의 특질이 도드라지게 나타나지 않았다. 순수한 혈통의 한족은 현재 없다"라고 밝혔습니다. 한족은 이민족을 포섭하는 동시에 이민족의 혈통과 문화를 받아들이며 크게 성장했습니다.

현재 중국의 영토는 만주족이 세운 청나라가 만들어준 영토입니다.

중국은 앞으로 어떤 제국의 길을 걸을까?

명나라와 청나라를 거치면서 주변에 라이벌이 사라집니다. 중국 본토를 다스리는 나라들은 언제나 북방의 유목민족을 신경 써야 했는데, 청나라가 유목지대를 다 정리했기 때문이에요. 칼과 활로 싸우는 냉병기의 시대에서 총과 대포 등으로 싸우는 열병기의 시대로 넘어가면서 유목민의 시대가 자연스럽게 저물었던 거죠. 그 어느 때보다 안정적인 시기를 누리면서, 제국은 더 큰 적이 다가오는 것은 보지 못합니다.

중국 근대사는 1840년 아편전쟁으로 시작됐다고 봅니다. 청나라와의 무역에서 언제나 적자만 보던 영국이 중국에 아편을 밀거래했고, 청나라가 이를 단속하자 영국이 전쟁을 벌인 게 아편전쟁이에요. 억지로 벌인 전쟁에서 영국은 승리하고, 청나라는 유럽 강대국들의 먹잇감으로 전락하죠.

우리나라의 근현대사는 흥선대원군(고종) 시기부터 대한제국 멸망까지 근대화 시도와 좌절(1860~1910), 일제강점기(1910~1945), 광복 이후 현대사(1945~)로 나뉩니다. 중국의 근현대사도 마찬가지예요. 서태후 시기부터 청나라 멸망까지 근대화 시도와 좌절(1861~1912), 군벌시대, 일본의 침략, 국공내전(1912~1949), 중화인민공화국의 통일 이후 현대사(1949~)로 구분할 수 있습니다.

청나라 멸망 과정은 조선(대한제국)의 멸망 과정과 정말 비슷해요. 근대 중국을 꿈꾼 개혁가 쑨원, 중국 분열의 씨앗을 뿌린 위안스카이, 국공내전의 양대 산맥 국민당의 장제스와 공산당의 마오쩌둥의 이름은 기억할 필요가 있습니다.

공산당의 대륙 통일 이후 마오쩌둥은 강력한 권력을 갖지만, 문화대혁명 등의 파괴 운동을 주도하면서 중국의 성장은 뒷걸음질 치고 맙니다. 이후 덩샤오핑이 개혁개방정책을 추진하며 경제 개발을 추진하지만, 천안문天安門(톈안먼)사태가 터지며 정치적 후진성을 드러내죠. 집단지도체제가 확립되면서 장쩌민, 후진타오, 시진핑이 10년씩 집권했는데, 시진핑은 종신 집권을 꿈꾸며 세 번째 연임을 확정하고 집단지도체제까지 무너뜨린 상황입니다.

외부의 강력한 적이 나타나면 혼란을 겪고, 그 후 통일기와 혼란기가 반복되지만, 외부의 강점을 흡수해 더 큰 나라로 발전한 중국의 역사······. 현재 중국은 어떤 길을 걷고 있을까요?

도읍지로 보는 중국사

수도만 알면 중국 역사와 지리가 보인다

중국은 참 넓고, 중국의 역사는 복잡합니다. 그만큼 중국의 지리와 역사를 이해하는 방법도 다양하겠죠. 이번에는 중국의 전통적인 수도, 도읍지를 바탕으로 중국의 역사와 지리를 살펴보려 합니다. 나라의 수도가 왜 정해졌는지 알면 그 시대의 정치적, 경제적 상황까지 알 수 있습니다.

예를 들어 조선이 한양에 터를 잡은 정치적, 경제적 이유를 분석해볼까요? 한반도 가운데에 있는 한양이 수도가 된 것은 한반도가 온전히 한민족의 터전이 됐다는 의미입니다. 한강 유역에 자리 잡은 건 한강 어귀가 농업과 상업(내륙 수운)에서 가장 유력한 지역이었기 때문입니다. 중국도 마찬가지입니다. 최초의 통일 왕조인 진나라부터 현재 중국 본토를 통치하고 있는 중화인민공화국까지, 굵직한 나라의 수도를 통해 중국의 역사를 이해해봅시다.

도읍의 땅, 관중

중국사에서 가장 오랫동안 통일 왕조의 수도 역할을 한 곳은 관중 지방이에요. 중국인들에게 이상향 같은 고대 국가 주나라의 호경, 춘추전국시대를 통일한 진나라의 수도 셴양(함양), 《초한지》 시대를 끝낸 한나라의 수도이자 동북아시아 제국으로 거듭난 당나라의 수도

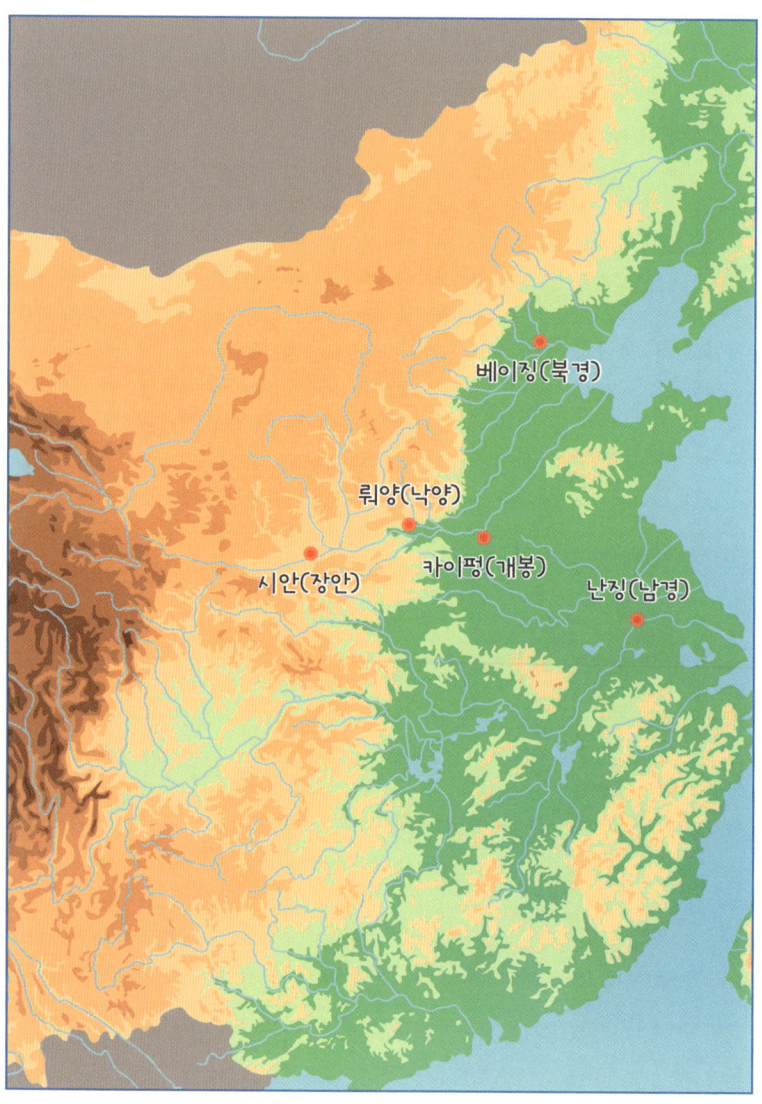

황하 유역에 있는 시안, 뤄양, 카이펑이 오랜 기간 도읍의 역할을 한 건 황하 유역이 중국의 정치·경제적 중심지였기 때문입니다.

인 시안(장안)이 모두 관중에 있었습니다. 기원전 1122년부터 기원후 907년까지, 자그마치 2,140년간 번영한 셈이죠. 지금 중국의 섬서성이에요.

수도는 3가지 조건을 갖춰야 해요. ①곡창지대일 것 ②방어하기 좋은 지형일 것 ③교통의 요지일 것. 관중 지방은 이 세 요건을 모두 갖췄습니다. 관중은 산으로 둘러싸여 있는 분지로, 가운데에는 황하의 지류인 위수渭水(웨이수이)가 흐르죠. 산에 둘러싸여 있어 폐쇄적일 것 같지만, 관문만 통과하면 황하 중류나 쓰촨 지방으로 이어집니다. 위수 분지의 생산력도 탄탄해서 관중만으로도 한 나라를 유지할 수 있었죠.

사실 관중 지방은 동쪽의 황하 중류보다 인구도 적었고, 살짝 서쪽에 치우쳐 있어요. 하지만 수많은 나라가 이곳을 수도로 삼아 중국을 통일했습니다. 중국 본토를 통일하기에 적격이기 때문이에요. 관중에서 일어난 통일 왕조는 남쪽의 쓰촨 지방을 얻어 생산량을 보충하고 관중의 방어력을 토대로 때를 기다리다가, 황하 중류에 있는 세력이 약해지면 쳐들어가서 점령했죠.

장안의 화제

시안(장안)은 중국의 대표적인 도읍이 됩니다. 실생활에서도 쓰는 '장안의 화제'라는 관용어가 중국의 장안에서 유래했다는 설이 있습니다. 《초한지》 시대를 끝낸 한나라는 진나라의 수도 셴양(함양) 근처에 새롭게 수도를 세우고, '자손들이 영원히 번창하기를 바란다'라는 의미를 담은 장안이라는 이름을 붙였죠.

혼란기에 무너졌던 시안은 수~당나라 때 다시 건설됩니다. 새로 세워진 시안은 중국 최초의 계획도시였죠. 동서로 약 10km, 약 100만 명이 거주한 대도시이자, 동아시아와 유럽을 잇는 실크로드의 출발지이기도 했어요. 그래서 당시 동로마제국의 수도 콘스탄티노플, 이슬람 제국인 아바스 왕조의 수도 바그다드와 함께 세계 3대 도시로 꼽혔죠.

서브 주연, 뤄양

시안의 라이벌인 뤄양(낙양)은 《삼국지》에서 동탁이 불태운 도시로도 유명합니다. 시안에서 동쪽으로 약 350km 떨어진 곳에 있는데, 황하의 지류인 낙수가 남쪽에 흐르고 있어 낙洛 또는 낙읍洛邑으로 불렸죠.

뤄양은 시안보다 오랜 역사를 자랑합니다. 중국의 고대 문화인 이리두二里頭 문화 유적이 뤄양 근처에서 발견됐을 만큼, 황하 유역에서도 입지가 가장 좋은 곳이죠. 지형적으로는 황하가 뤄양부터 평원 지역으로 돌입합니다. 중국 남부와 북부를 구분하는 회수도 뤄양 남쪽에 흐릅니다. 뤄양은 준고원지대인 관중과 평원지대인 하남, 장강 유역인 강남을 이어줘요. '9개 왕조가 수도를 정한 도시'라고 해서 구조고도九朝故都라고 불리기도 합니다.

하지만 뤄양은 드라마로 치면 '서브 주연'과 같은 이미지가 있어요. 주나라가 오랑캐 견융의 공격으로 도망쳐 천도한 곳이기도 하고, 한나라를 다시 세운 후한의 광무제가 수도로 세웠지만 동탁이 쑥대밭을 만들기도 했으니까요. 또《삼국지》시대를 통일한 진晉나라가 수도로 삼았는데, 이민족이 침략하자 수도를 버리고 도망가죠. 관중과 하남, 강남 지역을 이어주는 뤄양의 지리적인 이점은 혼란기에는 단점으로 작용합니다. 온갖 세력이 뤄양을 넘보기 때문이죠.

중원의 몰락과 대운하

수천 년에 걸쳐 중국의 도읍지 역할을 하던 시안과 관중은 세월이 흐르면서 지력이 쇠하고, 풍족했던 관중 지방은 예전만 못해집니다. 땅에 소금기가 많아지는 토지 염화鹽化 때문이라고 해요. 관중은 중국 중심부에서 가장 오랫동안 농사를 지은 지역인 데다, 가장 많은 인구를 부양했던 곳입니다. 게다가 한나라 말부터《삼국지》시대까지 수백 년 동안 전쟁이 이어지면서 시안과 뤄양 등의 농업 인프라가 파괴되는 등, 전란의 피해를 오롯이 입었습니다.

오랜 혼란·분열기를 통일한 수나라 때부터 시안의 지력은 한계에 이르죠. 그래서 '황제가 식량을 구하러 다닌다'는 '축량천자逐糧天子'라는 말이 돌 정도였습니다. 식량 문제를 해결하기 위해 수나라는 1,794km 길이의 대운하를 6년 만에 짓습니다. 그런데 너무 무리하게 공사를 진행한 나머지, 공사에 동원된 농민이 절반 이상 희생됐다고 해요. 결국 수나라는 40년도 안 돼 멸망합니다.

하지만 수나라가 지은 대운하는 후대에 엄청난 유산이 됩니다. 중국을 동서로 가로지르는 황하, 회수, 장강 등 3대 하천을 남북으로 이어주기 때문이죠. 남선북마라고 할 만큼 북중국과 남중국의 자연환경과 교통 체계는 달랐는데, 대운하가 북중국과 남중국을 연결해주는 대동맥 역할을 했어요.

대운하는 중국인의 일체감을 강화하는 데 큰 도움을 주죠. 이민족이 자리 잡은 북중국과 한족이 새로 터를 잡은 남중국이 교류하면서 이들의 문화가 합쳐지고, 운하의 성장과 함께 중국의 중심도시로 떠오른 곳이 바로 카이펑이에요.

불야성의 도시, 카이펑

무협지에서 가장 많이 나오는 도시를 꼽으라면 카이펑(개봉)이 떠오릅니다. 무협지는 주로 송~명 시대를 배경으로 하는데, 카이펑이 송나라의 도읍이거든요.

카이펑은 원래 물에 약한 도시였어요. 진시황제가 세운 진나라가 춘추전국시대를 통일할 때 이 지역에 수도가 있던 위나라를 수공으로 멸망시켰죠. 그런데 수나라가 대운하를 만들고 당나라 때 운하를 적극적으로 사용하면서, 카이펑 지역이 번창합니다. 당나라가 멸망하고 잠시 등장한 5대10국시대에 4개 왕조가 카이펑을 수도로 삼을 정도예요. 그래서 중국을 재통일하는 송나라의 수도도 카이펑이 되죠.

'불야성'은 송나라의 카이펑에서 유래한 단어예요. "휘황찬란하여 밤에도 대낮같이 밝은 곳"이 바로 송나라 시절의 수도 카이펑이었죠. 송나라는 당시 세계에서 가장 부유한 나라로, 남중국에서는 벼농사가 발전했고 북중국에서는 석탄이 사용되면서 제철, 직물업이 발전했기 때문이에요. 운하 덕분에 상업이 발달해 화폐도 널리 사용됐죠. 당나라 때 있던 야간 통행금지 등이 사라지자 사람들이 밤늦게까지 돌아다녔고, 상점도 24시간 불을 켜놓았기에 그런 단어가 생겼어요.

'개작두'로 유명한 판관 포청천(소설《칠협오의》)의 배경이 된 도시도 송나라의 카이펑이에요. 송나라 카이펑의 부윤, 우리로 치면 서울특별시장을 지낸 '포증'이 판관 포청천의 모티브예요. 카이펑은 상업 도시라서 다양한 사건이 발생했고 포청천 전설도 생긴 것 같아요.

난징 징크스

장강 유역에도 많은 왕조의 도읍지가 들어섰죠. 장강 유역의 대표적인 도읍지는 난징(남경)이에요.《삼국지》에서 오나라의 수도 건업 建業은 난징의 옛 이름입니다. 5호16국시대, 남북조시대에 북방의 이민족이 황하 유역을 점령했을 때, 남쪽 한족 왕조(남조)의 수도도 난징이었고요. 당시 이름은 건강 建康이었죠. 그렇게 개발된 장강 유역은 13세기에 황하 유역의 경제력을 앞질렀어요. 남송이 세계사에서 가장 강력했던 몽골제국에 맞서 40여 년을 버틸 수 있었던 저력은 장강의 경제력에서 비롯했죠. 몽골의 원나라를 물리치고 중국을 한족에게 되돌려준 명나라의 첫 도읍지도 난징이었어요. 중국 역사상 처음으로 장강 유역을 근거로 삼은 나라가 중국을 통일한 것이죠.

하지만 난징에는 묘한 징크스가 있습니다. 한 나라의 수도로서 100년을 넘긴 적이 없다는 점이죠. 난징은《삼국지》의 오나라, 5호

16국시대의 동진, 남북조시대의 송-제-양-진 왕조의 수도였고, 명나라의 첫 수도였으며, 중화민국의 수도이기도 했어요. 그러나 난징을 수도로 삼고 100년을 넘긴 왕조는 통일 왕조도 아닌, 5호16국시대의 동진(서기 317~420)뿐입니다.

장제스의 국민당 정부(중화민국)가 난징을 수도로 세우고 중국을 통일했지만, 국공내전에서 져서 대만(타이완)으로 쫓겨갑니다. 《삼국지》의 오나라도 50여 년 만에 망했어요. 명나라는 난징을 수도로 삼으며 건국됐지만, 얼마 안 가 베이징으로 수도를 옮깁니다.

베이징은 어떻게 중국의 수도가 되었을까?

명나라가 베이징으로 수도를 옮긴 건 정치적인 격변 때문이었습니다. 베이징을 근거지로 한 왕자가 쿠데타를 일으켜서 황제가 됐거든요. 그가 명나라의 전성기를 연, 3대 황제 영락제입니다.

영락제에게 베이징은 정치적, 군사적 기반이었습니다. 영락제는 다섯 차례나 몽골 원정에 나섰고, 1421년에는 베이징이 명나라의 정식 수도가 됩니다. 이후 청나라의 수도로 이어지죠.

베이징의 지정학을 살펴볼까요? 베이징은 만리장성에서 남쪽으로 80km밖에 떨어져 있지 않습니다. 그만큼 중국, 특히 한족의 역사에서 베이징은 국경 도시이자 변경 도시의 역할을 해왔죠. 《삼국지》의 유비의 고향이 베이징 근처예요. 춘추전국시대에는 연燕나라가 있어서 베이징은 '연경燕京'이라고도 불려요.

하지만 몽골제국의 쿠빌라이 칸이 중국 전체를 정복하고 지금의 베이징을 수도로 삼습니다. 그때 베이징의 이름은 대도大都였습니다. 그리고 만주족이 세운 청나라도 명나라에 이어 베이징을 수도로 삼았죠.

　베이징을 수도로 정한 나라는 대부분 북방 유목민족 왕조였는데, 이는 기후 때문이에요. 베이징은 연평균 강수량이 약 500mm로, 유목 생활과 농경 생활을 동시에 할 수 있다고 합니다. 덕분에 베이징은 금-원-명-청 시대를 거치면서 중국의 중심지로 발돋움해요. 그 전에는 유목지대와 농경지대가 만나는 지리적 특성이 베이징의 단점이었는데, 금나라 이후에는 강점으로 작용한 거죠.

　중국의 공산당과 국민당이 국공내전을 치르는 과정에서 공산당군은 베이징에 무혈입성하는 기회를 얻었습니다. 국민당 정부의 수도였던 난징이 부담스러웠던 중국 공산당은 다시금 베이징을 중화인민공화국의 수도로 삼아요.

중국의 지정학
지정학에 갇힌 제국

몽골, 만주, 티베트, 대만 등은 중국의 지정학과 긴밀하게 얽힌 곳입니다. 그들의 역사를 살펴보며 지금의 중국을 좀 더 깊게 이해봅시다.

제국의 후예, 몽골의 현주소는

지금과 전혀 다른 천고마비의 유래

천고마비天高馬肥는 "하늘은 높고 말은 살찐다"라는 뜻의, 가을을 상징하는 사자성어입니다. 그런데 이 사자성어가 옛날 중국에서는 "가을 무렵에는 북방 오랑캐(유목민족)들이 살지고 날랜 말을 이끌고 침략하기 쉬우니 미리 대비해야 한다"라는 경고의 의미를 담긴 말로 쓰였어요. 중국의 역사책 《한서漢書》에는 "흉노는 가을에 온다. 살찐 말과 강한 활과 함께"라는 문구가 있을 정도로, 중국인들은 가을이 와서 유목민족이 침략할 것을 두려워했죠.

예전엔 '몽고'라는 표현도 많이 쓰였죠. 우리나라에서도 2007년

고등학교 국사 교과서 이전에는 '몽고제국'이라고 표현하다가 몽골제국으로 수정했어요. '몽고'라는 표현이 몽골인들을 경멸하는 호칭(멸칭)으로 쓰였기 때문이에요. 한족은 유목민족을 대부분 멸칭으로 불렀는데, 한나라 시대의 흉노匈奴도 '시끄러운 노예'라는 뜻이고, 당나라 전후로 유목지대를 장악한 튀르크는 '미쳐 날뛰는 놈들'이라는 뜻의 돌궐突厥이라고 불렀어요. 몽고蒙古는 '무지몽매한 옛것들'이라는 뜻의 한자어죠.

만리장성의 기후학

우리는 몽골 지역이 사막이라고만 생각하지만, 사실 다양한 모습을 갖고 있어요. 몽골의 면적은 약 150만km²로 세계에서 18번째로 넓은 나라입니다. 프랑스, 스페인, 이탈리아, 영국을 합친 것과 맞먹죠. 내몽골 자치구를 포함해 넓은 의미의 몽골 지역은 250만km² 이상으로, 한반도의 10배가 넘습니다.

한족이 살던 농경지대와 유목민족이 살던 유목지대의 지리적인 경계는 만리장성이라고 보면 돼요. 유목민족의 약탈과 침략을 막고자, 한족은 춘추전국시대부터 만리장성을 세웠어요. 그런데 지금 봐도 만리장성의 위치는 합리적이었어요. 만리장성이 연 강수량 500mm 선과 어느 정도 일치하기 때문이죠. 연 강수량이 이보다 적으면 농사를 지을 수 없어서, 만리장성은 농경 지역과 유목 지역을 기후적으로 구분하는 선인 셈이에요.

만리장성 이북에 있는 몽골 지역은 전체적으로 고원이라 몽골고

몽골 지역은 오래전부터 고비사막 남쪽의 막남·남몽골, 북쪽의 막북·북몽골 등으로 나뉘었습니다. 청나라가 멸망하고 북몽골(외몽골)은 몽골로 독립하고 남몽골(내몽골)은 중국으로 남았어요.

원이라고도 불리죠. 몽골의 평균 해발고도는 1,580m, 수도 울란바토르의 해발고도는 1,350m나 됩니다. 물론 북서쪽의 고도가 좀 더 높고 남동쪽은 낮지만, 살기에는 북서쪽이 더 좋아요. 셀렌게강, 오르혼강 등 강도 많고 초원도 형성돼 있거든요. 여기서 유목 생활을 하면서 말을 키우는 거죠. 반대로 항가이산맥, 헨티산맥 남쪽은 고도가 낮지만 사막 지역이고요. 북극을 제외하고 세계에서 가장 북쪽에 있는 사막이자, 동아시아에서 가장 큰 사막인 고비사막이 이곳에 있습니다. 면적 129만km²로 남한 면적의 10배가 넘어요. 황사의 주원인이 되는 지역으로, 여기서 발생하는 황사가 하와이까지

날아가기도 한다네요. 고비사막은 한족과 유목민족의 자연적인 국경 역할을 해왔어요. 사막이 가운데에 있어서, 몽골고원을 사막 남쪽의 막남漢南과 사막 북쪽의 막북漢北으로 구분하기도 합니다.

수도도 유목한 몽골제국
유목민들은 농경지대에서 풍요로움만 느끼지는 않았습니다. 정체성을 잃어버릴지 모른다는 두려움도 느끼죠. 그래서 어떤 유목민은 한족과 생활권을 분리하기도 하고, 어떤 유목민은 적극적으로 한족의 문화를 받아들이기도 했어요.

몽골제국도 고민이 많았습니다. 몽골제국의 5대 칸(황제)인 쿠빌라이 칸은 중국 본토를 정복하고 나라 이름을 중국식으로 바꿉니다. 지금의 베이징을 수도로 삼고 이름을 대도라고 부르죠. 베이징은 유목지대와 농경지대 사이에 있어 유목 제국의 수도로 적합했어요. 나중에 만주족이 세운 청나라도 명나라에 이어 베이징을 수도로 삼았죠.

그러나 대도는 '보여주기식 수도', '겨울철 수도' 정도로 큰 역할을 하지 않았다는 분석이 많아요. 원나라 황제들은 성안보다는 주로 교외 야영지에 세워진 천막 궁전에서 지내는 걸 좋아했다고 합니다. 여름엔 아예 북쪽의 수도인 상도上都에서 지냈대요. 상도는 현재 내몽골 자치구 북서쪽에 있는 지역(현재의 둬룬)으로, 막북과 막남 사이에 있어요.

3월에 베이징을 떠나 상도에서 여름을 나고, 9월에는 베이징에서

겨울을 지내며 90여 년간 순행 통치를 했어요. 유목 제국답게 수도도 유목한 셈이죠. 두 수도의 거리는 275km로 오가는 데만 20~25일이 걸렸는데, 황제의 순행에는 왕자와 관원, 호위병 등 10만여 명이 뒤따랐다고 합니다.

둘로 쪼개진 몽골

현재 몽골은 두 지역으로 쪼개졌습니다. 독립국인 몽골공화국과 중국의 자치구인 내몽골 자치구로 나뉜 것이죠. 몽골은 청나라에 의해 분열되는데, 만주 지역에서 성장한 청나라는 중국을 통일하기 전부터 몽골고원의 유목인들에게 인정받고자 노력했어요. 스스로 몽골의 대칸이라고 칭하기도 했죠. 청나라를 인정하는 몽골 부족은 황실과 결혼시켜 귀족으로 대우했고, 몽골 기병이 청나라 군대(팔기군)에서 활약하기도 했습니다.

청나라에 호의적이었던 건 내몽골 지역이었어요. 그래서 청나라는 몽골고원을 내몽골과 외몽골로 나눠 다른 방식으로 통치했죠. 그리고 자신과 하나 된 내몽골인은 우대하고, 외몽골인은 군사적으로 정복하고 억압했어요. 그러다가 내몽골에서 광산이 개발되자, 한족이 내몽골에 정착하면서 내몽골은 점차 중국에 동화됐어요.

1911년 신해혁명이 일어나 청나라가 멸망하자, 외몽골 지역은 러시아의 지원을 받아 독립을 선언해요. 당시 중화민국은 "외몽골도 우리의 영토"라며 독립을 인정하지 않았고, 러시아에서 볼셰비키혁명이 일어나 혼란스러워지자 곧바로 외몽골을 침략해 점령합니다.

외몽골 지역은 중화민국에 점령당했지만 소련의 지원을 받아 맞서 싸웠어요. 제2차 세계대전이 끝나고 중국을 통일한 중화인민공화국은 외몽골의 독립을 승인하지만, 내몽골까지 내주진 않았어요. 자국 영토에 속한 몽골 지역을 내몽골 자치구로 삼았고, 영토 밖의 몽골국을 외몽골이라고 부르며 구분했어요. 그래서 우리나라에서도 예전에는 '외몽골 공화국'이라고 부르기도 했습니다.

소련의 영향이 남은 몽골

중국을 대상으로 한 치열한 독립 전쟁과 이를 지원한 소련의 영향이 현대 몽골의 새로운 문화를 만들어내요.

첫 번째는 문자예요. 몽골은 동아시아 문화권이지만, 러시아의 키릴 문자를 써요. 몽골에 가면 키릴 문자가 간판과 표지판에 쓰인 이색적인 풍경을 볼 수 있습니다. 물론 몽골에도 몽골 문자가 있어요. 13세기 초 칭기즈 칸이 위구르를 정복하고 위구르 문자를 개량해 몽골 문자를 만들었어요. 하지만 외몽골 지역이 독립한 후 몽골어 표기를 키릴 문자로 바꿨죠. 중국의 영토로 남은 내몽골에서는 몽골 문자와 한자를 쓰고요. 그래서 내몽골 사람들은 외몽골 사람들과 말은 통해도 키릴 문자로 쓰인 몽골어는 읽지 못합니다. 최근엔 국가 차원에서 몽골의 전통 문자인 '비치크'로 키릴 문자를 대체하려는 움직임이 커지고 있어요.

소련이 몽골에 영향이 미친 두 번째 문화는 식문화예요. 몽골은 젓가락 문화권이었어요. 유목 시절 필수품은 부싯돌, 칼, 젓가락이었고, 사람을 향해서 젓가락을 놓으면 안 된다는 예절까지 있었죠.

하지만 소련의 영향을 받으면서 현재는 젓가락 대신 포크를 사용해요. 물론 중국에 남은 내몽골인들은 여전히 젓가락을 사용하죠.

한족을 항상 두려움에 떨게 한 유목 제국의 후예지만, 역사의 뒤안길로 사라진 후 몽골은 현재 중국과 러시아에 정치적, 경제적으로 의존하는 신세가 됐어요. 과학기술과 해상 무역의 발전이 몽골의 지정학을 바꾼 거죠.

중국의 러스트 벨트, 만주

'만주'라는 이름은 어디에서 왔을까?

'만주'라는 지명을 모르는 사람은 없을 겁니다. 한반도 바로 북쪽에 있는 곳이기도 하고, 우리 역사를 배울 때 자주 등장하죠. 익숙한 지명이지만, 사실 만주라는 지명은 생긴 지 얼마 되지 않았어요. 만주 벌판을 달리던 고구려 광개토대왕이나 발해를 세운 대조영은 만주라 부르지 않았어요. 조선 후기 만주족이 후금(청나라)을 세울 무렵 만들어진 이름이거든요.

여진족의 지도자 누르하치가 후금이라는 나라를 세우고 이 지방을 통일했고, 그 뒤를 이은 청나라 태종 홍타이지가 이 지역의 사람들을 묶어 '만주(족)'라고 부르기 시작해요. 땅 이름이 아니라, 사람들의 이름=민족명이었던 거죠. 만주 지역에 사는 부족이라 만주족인 것이 아니라, 만주족이 사는 곳이라 만주가 된 셈이죠.

서양에서는 몽골을 타타르라고 불렀는데, 타타르의 동쪽에 있다고 해서 이곳을 동타타르라고 불렀죠. 그래서 사할린섬과 연해주 사이에 있는 해협을 '타타르해협'이라고 합니다. 그러다가 나중에 '만주인의 땅'이라는 뜻에서 '만추리아'라고 부르게 됐다네요. 서양 지도에 '만추리아'라 적힌 걸 본 일본인들이 '만주'라고 번역하면서 그렇게 정착돼버렸고요. 1931년 일본이 이곳을 점령해 만주국을 세우면서 만주라는 지명이 굳어졌죠. 하지만 중국은 일제의 침공과 만주족이 떠올라 이렇게 부르는 걸 꺼린다고 합니다.

그래서 이 지역을 둥베이東北(동북) 지방이라고 하고, 이 지역에 있는 지린성, 랴오닝성, 헤이룽장성을 동북3성이라고 부릅니다.

바깥에 있는 만주

그렇다면 만주의 범위는 어떻게 될까요? 국경선도 아니니, 지역의 경계가 딱 떨어지긴 힘들겠죠. 넓은 의미에서의 만주, 좁은 의미에서의 만주 등 다양한 각도에서 만주를 살펴봅시다.

넓은 의미에서 보면, 동시베리아 남쪽에 있는 '스타노보이산맥 이남'이 만주입니다. 스타노보이산맥을 중국에선 와이싱안링外興安嶺(외흥안령)산맥이라고 해요. 시베리아를 지나 동쪽으로 진출하던 러시아가 청나라와 국경을 맞대면서 1689년 네르친스크조약을 통해 스타노보이산맥을 두 나라의 경계선으로 잡습니다.

그러다가 러시아가 안팎으로 혼란을 겪던 청나라에서 1858년 스타노보이산맥 이남의 땅까지 빼앗아요. 이때 두 나라의 경계선이 된 게 아무르강이에요. 아무르강은 퉁구스어로 '큰 강'이라는 뜻인데, 중국에선 헤이룽장이라고 부르고, 고대에는 흑수黑水라고도 불렀어요. 한국사를 배울 때 말갈족 중에 '흑수말갈'이라는 부족이 등장하는데, 그 흑수가 바로 헤이룽장입니다. 아무르강 남쪽에는 중국 동북3성이 있고, 아무르강 북쪽에는 러시아의 아무르주州, 하바롭스크주가 있습니다. 특히 하바롭스크주의 하바롭스크시는 이 지역의 대표 도시로, 한국 독립운동사에서도 많이 언급되죠.

러시아는 1860년 아무르강 이남의 바닷가까지 빼앗는데, 그곳이 연해주沿海州예요. 러시아어로 '프리모리예'인데, '바다에 접한 지역'이라는 뜻이에요. 대한제국 시절에는 러시아령이라는 뜻으로 노령露領이라고 부르기도 했죠. 연해주에는 항구도시인 블라디보스토크가 있는데, 시베리아 횡단철도의 동쪽 종점이에요.

아무르강 이북과 연해주를 대개 외外만주라고 합니다. 좁게 보면 외만주는 만주로 치지 않아요. 지리적, 역사적으로 만주 중심부와는 다른 모습을 보였거든요.

안에 있는 만주

좁은 의미에서 만주는 방금 살펴본 러시아령(외만주)을 제외한 곳입니다. 아무르강 남쪽, 우수리강 서쪽을 좁은 의미의 만주, '내內만주'라고 불러요. 아무르강 남쪽에는 소싱안링小興安嶺(소흥안령)산맥이 있는데, 외만주와 내만주의 자연적인 경계가 되죠.

작은 흥안령이 있다면 큰 흥안령도 있겠죠. 만주의 서쪽 경계가 다싱안링大興安嶺(대흥안령)산맥입니다. 거대한 산줄기로, 몽골고원과 만주의 자연적인 경계 역할을 해요. 현재 중국의 행정구역상 다싱안링(대흥안령)산맥 일대는 내몽골 자치구에 포함돼요.

동쪽 경계는 우수리강입니다. 바닷가와 나란히 흐르는 시호테알린산맥에서 물길이 출발해 북쪽의 아무르강과 만나는데, 만주어로 '그을음처럼 검은 강'이라는 뜻이라고 해요. 지금은 만주와 연해주의 경계 역할을 하고 있지만, 고대에는 고구려 등의 예맥족과 읍루-숙신-말갈 같은 퉁구스계 민족의 경계이기도 했죠.

만주의 남쪽 경계는 더 복잡해서, 서쪽부터 살펴볼게요. 베이징 북쪽에 옌산燕山산맥이 있습니다. 옛날에 연나라가 있었다고 해요. 이 산맥이 만리장성의 동쪽 끝으로, 연산산맥의 끄트머리 해안가에는 한족 왕조의 관문인 산하이관山海關(산해관)이 있습니다.

한반도와의 경계는 보통 압록강과 두만강으로 잡지만, 압록강과 두만강 북쪽에는 산지가 많죠. 장백산맥이라고 일컫는 산지가 이곳에 펼쳐져 있어요.

만주의 젖줄과 송료 대평원

만주에는 대표적인 강이 2개 있습니다. 바로 송화강松花江(쑹화강)과 요하遼河(랴오허강)입니다.

송화강은 백두산에서 흐르기 시작해 북쪽의 아무르강과 합쳐져요. 만주 북부(북만주)와 남부(남만주)의 경계선으로 보기도 해요. 우리 역사에서 송화강 유역에 있던 나라는 부여입니다.

요하는 물길이 동쪽에서 출발하는 동요하와 서쪽에서 출발하는 서요하로 나뉘지만, 서요하의 물줄기가 더 길어요. 서요하는 커얼

친사막, 몽골고원에서 시작해 동요하와 합쳐져, 보하이만渤海灣(발해만)으로 이어지죠. 우리 역사에서 요하 유역에 있던 나라가 바로 고조선이에요.

송화강과 요하 유역을 합쳐서 '송료松遼 대평원'이라고 하는데, 중국 행정구역상으로는 헤이룽장성, 지린성, 랴오닝성의 동북3성이 자리해서 동북평원이라고도 불려요. 이곳의 대표적인 도시는 안중근 의사의 의거가 있었던 헤이룽장성의 하얼빈, 지린성의 창춘과 지린, 랴오닝성의 선양, 단둥, 다롄 등이 있어요. 한국계 중국인이 거주하는 연변 조선족 자치주는 중국의 지린성과 하얼빈성, 러시아의 연해주, 함경북도 사이에 있죠.

공화국의 맏아들, 공화국의 환자

송료 대평원은 중국에서도 손에 꼽히는 곡창지대입니다. 중국에서 쌀은 헤이룽장성 우창에서 나는 '우창다미'를 최고로 쳐준다는 말도 있을 정도예요. 중국에서 가장 큰 곡물 기업 중 하나인 베이다황 그룹도 헤이룽장성의 베이다황시에 있고, 지린성과 랴오닝성 역시 콩과 옥수수의 주요 공급지입니다.

이 지역은 석탄과 철광도 풍부해요. 1930년대 일본이 점령한 후로 침략 전쟁 과정에서 군수 공장이 지어져 중국에서 가장 일찍 산업화가 진행됐던 곳이기도 해요. 국공내전에서 공산당이 승리할 수 있었던 배경으로 당시 공산당이 점령했던 만주가 꼽히는 건 그래서예요. 심지어 중국 최대의 유전 중 하나인 다칭 유전도 1959년에 발견됩니다. 그래서 1970년대까지 중국의 산업화를 이끈 동북3성은

'공화국의 맏아들'이라고 불렸죠. 농업 생산력과 산업 역량으로 성장한 동북3성의 인구는 현재 1억 명이 넘습니다.

하지만 만주는 중국의 '러스트 벨트Rust Belt'라고 불려요. 러스트 벨트는 미국 5대호 인근의 제조업 지대죠. 한때는 미국 제조업의 상징이었지만 제조업이 불황을 맞으면서 러스트 벨트의 경제도 내리막을 탑니다. 중국이 개혁·개방 정책을 추진한 1980~1990년대부터 동북3성의 경제도 사그라들었어요. 중국 경제의 중심지가 무역에

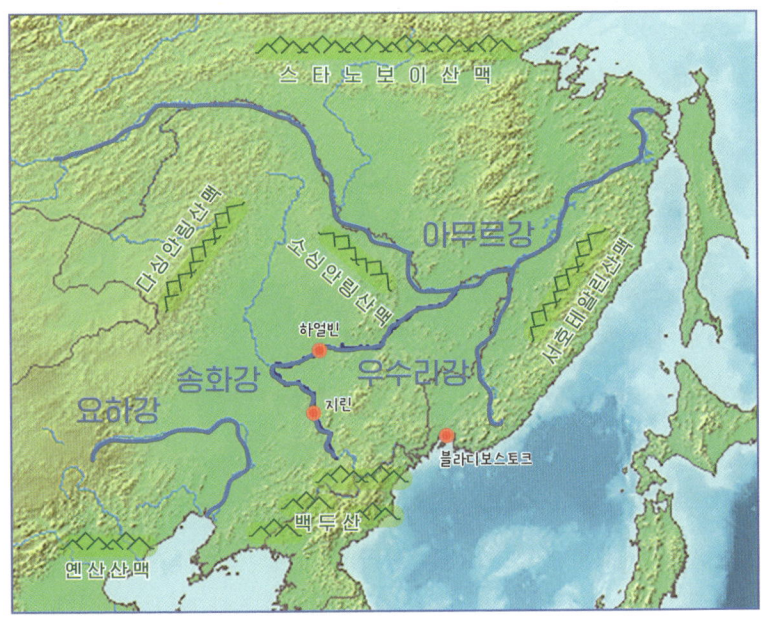

우리는 만주를 하나의 지역이나 지형으로 여기지만, 만주에는 다양한 지형과 기후 때문에 다양한 민족이 살아왔죠.

유리한 동남 지방으로 옮겨 가면서, 북쪽에 치우친 동북3성은 경제 위기를 겪고요.

현재 둥베이 지방의 출산율은 중국에서 가장 낮은 편이고, 젊은 사람들도 남쪽의 허베이성이나 산둥성으로 떠나고 있다고 합니다. 그래서 최근 동북3성의 기업이나 지방정부는 중앙정부의 지원에 의존하는데, 중국에선 이런 현상을 '동북병東北病 현상'이라고 하죠.

중국이 티베트에 집착하는 이유

세계의 지붕

티베트는 몽골어로 '설상의 거주지'라는 뜻이에요. '높은 곳, 고원'을 뜻하는 튀르크어 Töbäd에서 왔다고도 하죠. 이 발음이 중동 지역으로 전해져, 영어권에서 '티베트'라고 불리게 됐다고 합니다.

티베트 자치구의 면적만 120만km²로 남한 면적의 12배나 됩니다. 칭하이성, 쓰촨성, 윈난성 일부 등 넓은 의미의 티베트 지역은 약 250만km²로, 중국 전체 면적(960만km²)의 4분의 1 이상입니다. 만약 넓은 의미의 티베트 지역이 독립하면 세계에서 10번째로 넓은 나라일 겁니다.

티베트 하면 떠오르는 건 고원이죠. 티베트고원은 세계의 지붕이나 용마루라고도 불려요. 치롄祁連(기련)산맥, 쿤룬崑崙(곤륜)산맥, 카라코람산맥 등 험준한 산맥으로 둘러싸여 있어서 평균 해발고도가 4,500m나 돼요.

세계에서 가장 높은 히말라야산맥은 티베트고원과 인도의 자연적인 국경 역할을 해요. 평균 해발고도만 6,000m이고, 7,000m가 넘는 고봉은 40여 개, 8,000m가 넘는 고봉도 10개나 있습니다. 남극, 북극에 이어 '지구의 제3극'으로 불리는 에베레스트도 히말라야산맥에 포함되죠. 참고로 에베레스트는 영국왕실지리학회에서 붙인 이름이고 본래 이름은 '초모랑마'예요. 네팔어로 '세상의 어머니'라는 뜻이죠.

중국과 티베트의 애증 관계

지금의 상황과는 달리, 중국인과 티베트인의 조상이 같다는 분석이 있습니다. 언어학적으로 중국어와 티베트어는 중국티베트 어족으로 묶이기도 하고요.

기원은 쓰촨성이라든가 히말라야산맥이라든가 다양하지만, 티베트 지역으로 건너가 유목 활동을 한 사람은 티베트인의 조상이, 황하 지역으로 건너가 농경 생활을 한 사람들이 중국인의 조상이 된 셈입니다. 중국에서는 티베트인을 토번吐蕃이라고도 불렀습니다.

7세기경, 손첸캄포가 티베트고원 일대를 최초로 통일하면서 티베트는 전성기를 맞이하죠. 당나라에 위협이 되자, 당 태종은 딸인 문성 공주를 손첸캄포에게 시집보낼 정도였습니다. 당나라가 안녹산의 난 등으로 혼란에 빠지자, 수도인 시안을 공격해 함락시키기도 했죠.

이후 남북으로 분열돼 쇠퇴하다가 쿠빌라이 칸에게 정복돼 지배받기도 했습니다. 이때 원나라가 티베트 불교(라마교)를 받아들여

국교로 삼기도 했어요. 몽골제국이 몰락한 후로 독립해서 통일 왕조가 들어서기도 했지만, 청나라 강희제에게 정복당해 청나라의 지배를 받았죠.

중국이 신해혁명으로 혼란해진 틈을 타서, 티베트는 청나라 군대를 몰아내고 1913년에 독립을 선언했습니다. 혼란했던 중국은 40년 가까이 티베트의 독립을 묵인했지만, 한국전쟁으로 국제 사회의 관심이 한반도에 쏠려 있던 1950년 10월에 중화인민공화국이 티베트를 침공해 많은 티베트인을 학살하고 "티베트는 중국의 영토"라고 발표했습니다. 이후로 티베트의 정치적, 종교적 지도자인 달라이 라마는 인도의 다람살라에 망명 정부를 세우고 독립 투쟁을 벌이고 있죠.

아시아의 급수탑

이렇듯 티베트는 중국의 영토로 편입된 지 오래되지 않았어요. 하지만 지정학적으로 봤을 때 중국의 입장에서는 티베트를 갖는 게 '중국 영토의 완성'인 셈이에요.

티베트가 중국에 갖는 가장 중요한 의미는 '물'이에요. 물은 생존에 필수적인 자원으로, 긴 강을 공유하는 나라들은 강의 소유를 두고 싸웠죠. 아프리카의 나일강, 중동 지역의 유프라테스강, 북아메리카의 리오그란데강 등은 국가 간 분쟁의 이유였어요. 그래서 상류에 있는 나라가 유리한데, 상류에서 댐을 짓고 물길을 막아버리면 하류에 있는 나라는 어쩔 도리가 없기 때문이죠.

세계의 지붕 티베트에는 수만 개의 빙하가 있습니다. 북극지방과 남극대륙을 제외하고는 가장 많은 빙하 얼음과 영구 동토층이 있죠. 빙하와 눈에서 녹은 물은 중국의 황하, 장강, 동남아시아의 젖줄인 메콩강, 미얀마의 살윈강, 인도의 인더스강, 브라마푸트라강을 포함해 아시아 동쪽으로 부챗살처럼 뻗어나가는 큰 강 10개의 원류입니다. 이 강들은 산에서 침식된 엄청난 양의 퇴적물도 실어 날라 주변의 범람원과 논을 기름지게 만들어요.

그러니까 티베트고원은 아시아대륙의 급수탑 역할을 하는 셈입니다. 소중한 자원을 품고 강을 따라 분배하면서 2억 명 이상의 사람에게 식수와 관개용수, 수력 발전 용수를 공급하죠. 중국으로선 14억 명이 넘는 인구를 부양하려면 수자원도 풍부해야 하니, 방대한 민물을 보유한 티베트를 결코 포기할 수 없어요.

한편 중국이 티베트를 통제하지 못하면 인도가 영향력을 확대할 가능성이 커요. 그러면 중국의 주요 강인 황하, 장강, 동남아시아 메콩강 등의 통제권을 인도가 가질 테죠. 실제로 중국이 메콩강 중상류에 댐을 건설하고 개발을 본격화하면서 라오스, 태국, 캄보디아, 베트남 등이 강하게 반발하고 있습니다.

인도와 중국의 고지전
군사적인 이유도 큽니다. 전쟁에선 고지를 차지하는 게 중요합니다. 주변 상황을 살펴볼 수 있고 사격과 포격도 더 멀리까지, 정확하게 할 수 있거든요.

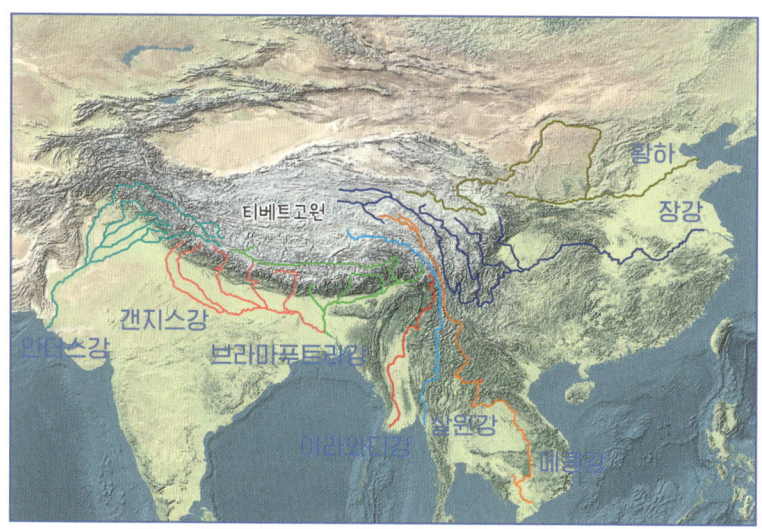

세계의 지붕 티베트에서 중국의 황하와, 장강, 동남아시아의 메콩강, 살윈강, 인도의 인더스강, 브라마푸트라강 등이 발원합니다. 티베트고원은 아시아 대륙의 급수탑 역할을 하는 셈이죠.

티베트는 광대한 지역이 모두 고지예요. 인도가 티베트고원의 통제권을 얻는다면, 중국의 심장부로 밀고 들어갈 전초기지를 확보하는 셈입니다. 티베트가 독립하면 정부의 허락을 받아 인도가 티베트에 군사기지를 건설할 수도 있을 테니까요.

그러니까 티베트는 인도에 대한 천연 만리장성인 셈입니다. 세계에서 가장 많은 인구를 보유한 두 나라, 인도와 중국은 히말라야산맥을 가운데 두고 있죠. 긴 국경선을 맞대고 있으면서도 두 나라가 멀게 느껴지는 이유는, 세계에서 가장 높은 히말라야산맥과 티베트고원이라는 완충지가 놓여 있기 때문이에요.

중국이 고원 전역으로 뻗어나가는 도로망과 철도망을 체계적으로 건설하고 한족의 이주와 정착을 권장하는 것도, 인도가 티베트 망명 정부를 지원하며 보험을 들어놓는 이유도 티베트의 지정학적 가치 때문입니다. 국제 사회에서는 티베트 문제를 인권과 정치적 자유의 측면에서 바라보지만, 중국에서는 티베트를 지정학적 안보라는 틀에서 보는 것이죠.

중국의 바다와 대만의 지정학

대만의 특산품이 고량주와 칼이 된 사연

대만은 진먼金門(금문)고량주로 유명해요. 도수가 66도나 됐는데도 대만의 국민 술이 됐죠. 진먼고량주가 인기를 얻은 데는 중국의 지분이 큽니다. 중국과 대만은 1950년대까지 크고 작은 전투를 벌이곤 했어요. 특히 1958년의 진먼도포격전이 유명합니다. 중국이 진먼도에 한 달 넘게 포격을 퍼부었는데, "중국의 포격으로 진먼도의 해발고도가 2m나 낮아졌다"라는 말이 나올 정도였죠. 날아온 포탄이 너무 많아서, 지금도 그 포탄을 녹여 만든 칼이 진먼도의 기념품으로 판매되고 있어요. 이때 진먼도를 지키던 병사들은 제정신으로 버티기가 힘들어서 다른 술보다 독한 진먼고량주를 찾았다고 해요.

대만의 진먼도는 중국 본토와 1.8km 떨어진 가까운 섬이에요. 수영을 잘한다면 헤엄쳐서도 갈 수 있는 거리죠. 물론 타이완 본섬과 중국(푸젠성)의 거리는 120~180km로, 전라남도 목포에서 제주도까지의 거리(약 150km)와 비슷합니다. 중국과 대만 사이의 바다를 대만해협(타이완해협)이라고 하고, 중국과 대만의 관계는 '양안兩岸 관계'라고도 부르죠.

　대만은 중국 본토에 비해 정말 작습니다. 대만의 크기(3만 6,000km²)는 중국(약 960만km²)의 300분의 1 수준이에요. 우리나라와 비교해도 3분의 1 수준이죠. 대만의 인구는 2,300만 명으로, 14억 명이 사는 중국과 비교도 되지 않아요. 그러나 중국과 대만의 '양안 관계'는 전 세계에서 가장 뜨거운 이슈 중 하나입니다.

대만의 첫 번째 정체성, 본성인

대만을 이해할 때 반드시 알아야 할 단어가 본성인本省人과 외성인外省人인데요. 본성인은 1945년까지 대만에 거주하던 중국계(한족계) 주민으로, 대만 인구의 80% 이상을 차지합니다.

　한족이 살던 대만은 1895년에 중국 본토와 분리돼요. 1894년 청일전쟁에서 청나라가 지면서 일본이 타이완섬을 지배했기 때문입니다. 1945년 일본이 제2차 세계대전에서 패하면서 타이완섬은 중국 국민당 정부에 양도되죠. 광복 초기에는 본성인도 국민당군을 환영했어요. 같은 민족이니까요. 그러나 국민당군은 수십 년간 일본의 식민 지배를 받은 본성인을 부역자로 여겼죠. 게다가 국민당 관리들의 부정부패는 본성인의 불만을 더 키웠어요. 당시 대만에서는 "개(일제)가 떠나니 돼지(국민당)가 왔다"라는 뜻의 '구거저래狗去豬來'라는 말이 유행했을 정도였어요.

결국 사건이 터집니다. 1947년 2월 27일, 타이베이에서 담배 노점을 하던 노인이 정부 단속반과 경찰에 폭행당하는 일이 일어나요. 이에 본성인들이 항의하다 경찰과 충돌했고 그 과정에서 한 학생이 경찰의 총에 맞아 사망한 거죠. 분노한 대만 시민들이 거리로 쏟아져 나오자, 국민당 정부는 이를 무력으로 진압해요. 이것이 대만 역사상 가장 비극적인 '2·28 사건'입니다.

훗날 대만 정부는 2·28 사건의 사망자를 약 2만 8,000명이라고 공식적으로 발표했지만, 1960년 호적조사에서 실종자로 분류된 12만 명 중 상당수가 이 사건의 희생자로 추정됩니다. 이 사건 이후로 대만 전역에 계엄령이 내려지고, 국민당에 반하는 어떤 활동도 허용되지 않았어요. 민주화를 요구하면 친일파나 간첩으로 몰려 숙청당했죠. 1947년 계엄령이 선포되어 1987년에 계엄령이 해제될 때까지, 약 40년간 대만은 계엄통치하에 있었습니다.

'국부천대'와 외성인의 정체성

대만 현대사를 이해하려면 반드시 알아야 할 용어가 '국부천대國府遷臺'인데요. 국민당 정부가 대만으로 천도했다는 뜻입니다. 제2차 세계대전이 이후로 중국에서는 마오쩌둥이 이끄는 공산당과 장제스가 이끄는 국민당이 내전을 벌였고, 1949년 공산당이 승리하며 국민당 정부는 수도 난징을 잃고 피난하죠.

처음에는 중일전쟁 당시에 일본군에 맞섰던 쓰촨성 충칭으로 정부를 옮기려 했지만, 지리학자 장치원이 타이완섬으로 옮길 것을 제안했죠. 그는 대만에는 일본 식민지 시절에 만들어진 산업 기반이 남아 있고, 군벌 세력도 없고 공산당 세력도 약하며, 섬의 전략적 가치가 높다고 주장합니다. 결국 1949년 12월 7일, 국민당 정부는 타이완섬으로 피난하며 국부천대가 이뤄졌죠.

이 과정에서 국민당 정부와 함께 대만으로 이동한 사람들이 외성인이에요. 현재는 본성인과 외성인의 구분이 희미해졌지만, 대만 인구의 약 80% 이상은 국부천대 이전부터 거주하던 본성인, 약 14%는 국부천대 이후 이주한 외성인이라고 합니다. 외성인은 소수였지만, 대만의 권력을 장악했어요. 외성인 기반의 국민당은 1980년대까지 정권을 독차지했어요. 외성인은 중국 본토를 고향으로 여겼죠. 국민당 정부도 오랫동안 대륙을 수복하길 꿈꾸며 반중을 외쳤고요.

그런데 1980년대 말부터 양안 관계가 달라지기 시작했어요. 중국은 대만을 흡수할 자신이 생겼고, 대만의 국민당도 새로운 길을 모색했던 거죠. 중국은 1988년 대만 투자 촉진 방안을 발표했고, 국민당 정부도 1987년부터 중국 방문을 허락해요. 1992년에는 중국과 대만이 '하나의 중국'에 합의했다고 발표하기에 이르죠. 중국인으로서의 정체성이 강한 외성인들은 점차 친중 노선으로 돌아섭니다. 고향인 중국으로 돌아가길 바란 거죠.

그러나 본성인들은 달랐습니다. 이들의 고향은 중국 본토가 아니라 타이완섬이니, 중국인보다는 대만인으로서의 정체성이 강할 수밖에요. 1990년 민주화 이후 처음으로 본성인인 리덩후이가 총통으로 당선됩니다. 그가 "양안 관계는 두 개의 동등한 정치 실체"라고 발언하면서 양안 관계가 차갑게 식죠. 2000년에는 본성인 기반의 민진당(민주진보당)이 총통 선거에서 승리했고요. 이들은 대만으로서의 정체성과 대만의 독립을 강조하고, 외교도 반중, 친미 노선을 띠죠. 대만 내부에선 친중 성향의 외성인과 반중 성향의 본성인이 맞붙고 있습니다.

중국의 지정학과 대만

중국과 한족의 지정학적 시선으로 대만을 살펴봅시다. 농경민족인 한족은 풍요로운 황하와 장강 유역만 지킬 뿐, 그 외의 지역은 황하와 장강 유역을 지키기 위한 전략적 영토이거나 국제 무역을 위한 길목에 지나지 않았어요. 한나라, 당나라, 송나라, 명나라 등 한족 왕조는 만주, 몽골, 티베트를 제대로 점령하지 못했죠. 이들은 만리장성을 세워 북쪽과 서쪽의 유목민을 견제하는 것으로 충분했어요.

그런데 근대 이후로 예상치 못하게 취약한 지역이 드러납니다. 바로 동쪽과 남쪽의 바다였어요. 근대 이전까지는 강력한 해양 세력이 없었기 때문에 서해(황해), 동중국해, 남중국해는 천연 장벽이었거든요. 그러다가 19세기 중반부터 영국이, 20세기 중반부터 미국이 중국을 압박하면서 바다가 중요한 지역으로 바뀌었죠. 중국의 동쪽에는 미국의 우방인 대한민국과 일본이 있고, 특히 동중국해에는 일본의 규슈에서 타이완섬으로 향하는 1,500km 거리에 약 200개의 섬으로 이뤄진 난세이제도가 있어요. 중국의 남쪽에는 미국의 우방 필리핀이 있고요.

그러다 보니 대만은 중국이 바다로 나아갈 수 있는 유일한 통로입니다. 1982년, 중국은 제1열도선, 제2열도선 같은 해상 방위선을 구축하기 시작했어요. 제1열도선은 쿠릴열도에서 일본, 필리핀, 믈라카해협으로 이어지는 선으로, 중국이 바다에서 미국과 완충지대를 확보하기 위한 전략이 담겨 있죠. 제1열도선에는 타이완섬이 포함되는데, 타이완섬이 중국의 영토여야 바다로 나아갈 수 있어요.

중국을 견제해야 하는 미국으로선 대만은 꽃놀이패가 되죠. 중국이 성장을 시작하던 1970년대에 미국은 대만을 버리고 중국과 수교하지만, 중국이 G2$_{\text{Group of Two}}$로 부상하면서 바다에서 중국을 견제할 수 있는 대만의 몸값이 올라가죠. 그래서 트럼프 1기 행정부 때 미국은 대만 동맹 보호법, 대만 보증법을 통과시키면서 대만을 지원해줍니다. 국민당 정부가 쓰촨성이 아니라 타이완섬으로 간 것이 '신의 한 수'로 평가받은 거죠. 그래서 대만은 현재 '가라앉지 않는 미국의 항공모함'으로 불려요.

지리가 만든 제국, 지리가 가둔 제국, 중국 챕터 정리

★ 현재 중국의 영토는 유럽대륙과 비슷할 만큼 넓습니다. 그러나 역사적으로 중국의 영토는 이렇게 넓지 않았죠. 만주, 몽골, 신장위구르, 티베트 등은 청나라 이전까지 별도로 역사와 정체성을 지켜왔습니다.

★ 북중국에 있는 황하는 한족의 문명이 시작된, 한족의 정신적인 고향입니다. 남중국에 있는 장강과 주강 유역에는 한족과 다른 역사와 정체성을 가진 사람들이 살았죠. 그러나 이들도 한족에게 동화됐고, 중원의 개념도 시간이 지나면서 넓어졌습니다.

★ 넓고 비옥한 영토를 가진 중국은 통일기와 혼란·분열기가 반복됐습니다. 이 과정에서 한족과 다른 민족의 문화는 융합됐고, 이를 바탕으로 중국은 동북아시아의 강대국이 될 수 있었죠.

★ 몽골, 만주, 티베트에 살던 사람들은 중국 본토의 한족과 쉼 없이 경쟁했습니다. 그러나 해상 무역의 발달로 이 지역의 지정학적 가치가 줄어들면서 상당수가 중국의 영토로 편입됐습니다. 반대로 중국과 교류가 적었던 대만은 근대 이후로 바다의 중요성이 높아지면서 중국의 지정학적 취약점으로 떠올랐죠.

―――

한국과 일본은 앙숙처럼 지내지만 그 어떤 나라보다 많이 교류해왔습니다.
두 나라는 어쩌다가 감정의 골이 이렇게 깊어졌을까요?

한국과 일본의 자연지리
한반도와 일본 열도의 특징

우리나라와 일본은 참 비슷한 듯 다릅니다. 한반도와 일본열도의 차이에서 비롯된 각 지리적 특징을 하나부터 열까지 살펴봅시다.

한국인이 쇠젓가락을 쓰는 지리적 이유

한국의 산이 갖는 의미

동아시아의 여러 나라에서 나무젓가락을 많이 사용합니다. 그러나 우리나라는 오래전부터 금속 젓가락을 썼어요. 예전에는 놋이나 청동, 요즘은 스테인리스나 은으로 된 젓가락을 사용해요. 한국인이 즐겨 쓰는 금속 젓가락은 우리의 탕 문화와 관련이 있다고 해요. 우리나라에 국, 죽, 탕, 찌개 같은 국물 요리가 많습니다. 나무젓가락을 쓰면 금세 변질하니, 금속 젓가락을 애용한 거죠. 국물 요리가 많아서 숟가락과 젓가락을 함께 쓰는 '수저 문화'도 우리 민족만의 고유한 특징입니다.

한반도의 약 70%는 산지입니다. 이런 지형적 특징은 한민족의 역사와 문화에 큰 영향을 미쳤어요.

그런데 한반도는 왜 국물 요리가 발달했을까요? 우리의 국물 요리도 지리와 관련이 있어요. 한반도는 산지가 많아 농업 생산력이 좋은 땅이 아니었죠. 그래서 산에서 캔 나물, 귀하게 잡은 고기를 한 번에 먹어 없애는 대신 물에 넣고 푹 삶아서 탕으로 나눠 먹는 식문화가 생긴 거죠.

한국 지리를 설명할 때 가장 먼저 다룰 게 산입니다. 한반도의 약 70%는 산지로 되어 있죠. 백두산과 개마고원을 시작으로 산줄기가 함경산맥, 낭림산맥, 태백산맥, 소백산맥으로 이어져 한반도에 뻗어 있습니다. 그래서인지 우리 지명에는 골짜기 곡谷이나 뫼 산山 자가 참 많이도 들어갑니다.

다만 한반도의 산지는 높지 않아요. 한반도의 평균 해발고도는 약 448m 정도로, 동아시아 전체 평균(910m)에 비하면 낮죠. 한반도에서 가장 높은 백두산(2,744m)이라도 히말라야산맥이나 티베트고원에 비하면 높은 편이 아니에요. 100m 이하의 평지가 전 국토의 27.8%를, 300m 미만의 구릉은 전체 면적의 52%를 차지하죠. 반대로 1,600m 이상인 고지대는 5%에 불과합니다. 산지와 평야의 경계도 비교적 적어요. 산이 가까이 있는 셈이죠. 한국 사람들이 등산을 좋아하는 이유도 한반도의 지형적 특징 때문입니다.

한반도의 높은 산지는 주로 북쪽과 동쪽에 치우쳐 있어서 '동고서저'입니다. 동고서저 지형은 우리 조상들의 삶과 역사에 엄청난 영향을 미쳐요. 북쪽과 동쪽의 산 정상에서 시작한 물줄기가 서쪽과 남쪽으로 흘러서, 압록강, 대동강, 한강, 금강이 황해(서해)로, 섬

진강과 낙동강은 남해로 흘러가요. 사람들은 고도가 낮고 강이 흐르는 서쪽과 남쪽에 모여 살았죠.

지리는 다른 지역과 교류에도 영향을 미칩니다. 우리 국토는 3면이 바다로 둘러싸인 반도지만, 동해는 해상 무역로로 쓰이지 않았어요. 대신 한반도 서쪽에 있는 중국과 가장 많이 교류했죠. 한반도 북동쪽에 거주하던 말갈인, 여진인과도 교류했지만 항상 지리적인 벽이 있었습니다.

영남, 호남, 호서의 의미는?

산줄기는 사람들의 이동과 교류를 방해하므로, 산줄기에 의해 지역권과 생활권이 나뉩니다. 남유럽과 북유럽을 나누는 기준이 알프스 산맥인 것처럼요. 조선시대 때 국토를 8개의 광역행정구역으로 구분한 '조선8도'는 이런 자연적 경계와 지역권을 반영했어요.

경상도 지역을 가리키는 영남嶺南은 '고개 남쪽에 있는 지방'이라는 의미예요. 소백산맥을 넘어가는 조령鳥嶺과 죽령竹嶺 남쪽에 있는 지방이 영남 지방으로, '경상도'는 영남의 대도시였던 경주와 상주의 앞 글자를 따서 지어진 이름입니다. 이 지역의 젖줄은 낙동강으로, 신라시대의 수도였던 경주 권역을 제외하면 상주, 대구, 부산 등 그 지역을 대표하는 도시는 모두 낙동강 유역에 있죠.

전라도를 가리키는 호남湖南은 '호수의 남쪽에 있는 지방'이라는

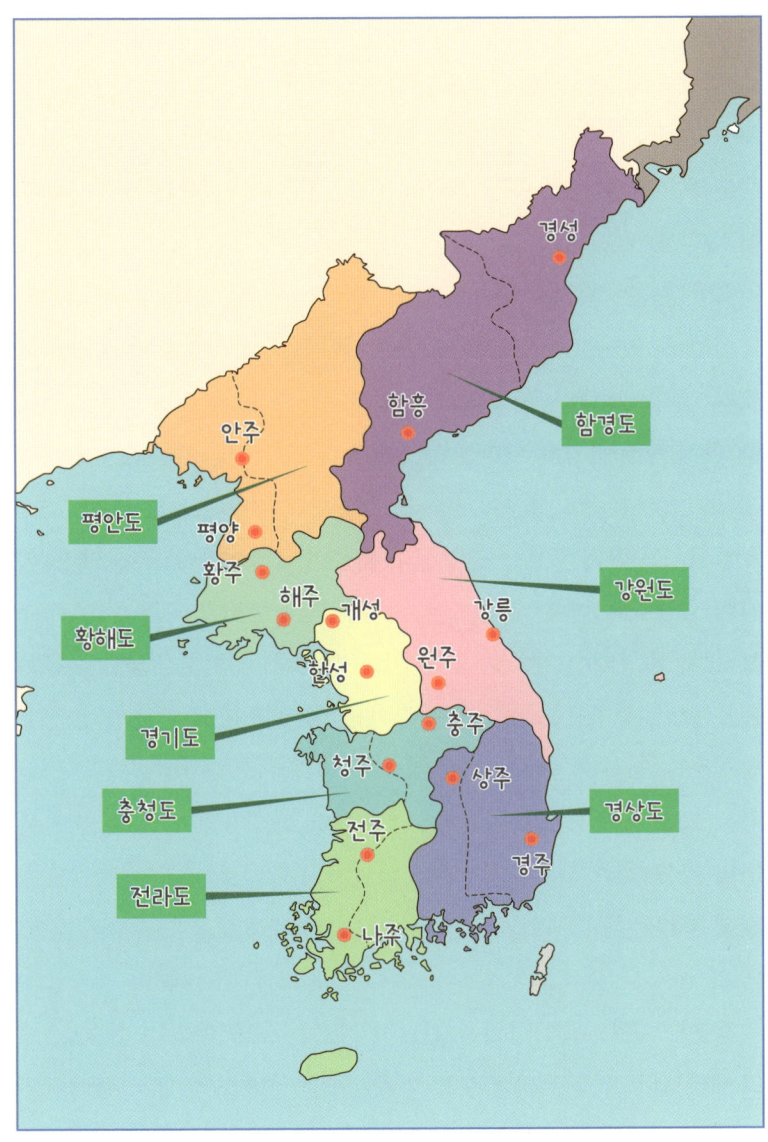

전라도와 경상도, 호남과 영남이라는 지명에는 우리의 역사가 담겨 있습니다.

뜻인데, 그 호수가 어딘지는 의견이 분분합니다. 첫 번째 후보는 전북 김제시의 벽골제로, 한반도 최초로 만들어지고 현재도 최대 규모를 자랑하는 인공 저수지죠. 벽골제가 있는 호남평야는 한반도 최고의 곡창지대로, 만경강과 동진강이 흐르는 이곳은 백제시대부터 개발됐어요.

호남평야가 전라북도에 있다면, 전라남도에는 나주평야가 있죠. 영산강 하구인 나주는 평야도 있고 바다와도 접해 있어서 오랫동안 호남 남부를 대표하는 도시였어요. 고려 때 전주와 나주의 앞 글자를 따서 부르던 전라도라는 명칭은 지금도 쓰입니다. 조선 후기까지 세수의 3분의 1 이상이 전라도 지역에서 나왔다고 하네요.

호湖의 두 번째 후보는 충청도의 젖줄인 금강이에요. 금강의 옛 이름이 호강湖江이어서, 충청도를 호서湖西 지방이라고도 부릅니다. 충북 제천 지방에선 제천의 호수 의림지가 세 번째 후보라고 주장하기도 해요. 충청도는 충주와 청주의 앞 글자를 따서 만든 명칭인데, 충청도는 조선시대 내내 이름이 자주 변했어요. 충공도, 청공도, 청홍도, 공홍도 등등, 변란이 일어날 때마다 이름이 바뀌었죠. 수도 한양과 가까워서 정치적인 사건에 휘말리기 쉽기도 했지만, 충청도에 대체 불가능한 중심지가 없었기 때문이기도 해요.

참고로 제주濟州는 '바다를 건너면 나오는 고을'이라는 뜻으로, 고려시대부터 쓰인 지명이에요. 제주도에는 고려시대까지 탐라국이라는 별도의 왕국이 있었습니다. 백제와 신라, 고려에 조공을 바치며 독립을 유지했지만, 조선 초에는 완전히 우리나라에 편입됐죠.

경기, 해서, 관동의 의미는?

다른 도는 대표 도시의 첫 글자를 땄지만, 경기도는 다릅니다. '경기'라는 말은 중국 당나라에서 비롯된 말이에요. 수도인 시안(장안)을 경京, 그 주변 지역인 기畿를 황제의 직할 구역으로 묶으면서 처음 쓰였죠. 중국에선 도읍을 기준으로 반경 500리(200km) 이내의 땅을 기라고 했어요. 한양에서 반경 200km에 평양, 원산, 전주, 구미까지 들어가므로 우리나라에선 범위가 줄어듭니다.

경기 지역의 젖줄은 누가 뭐래도 한강이죠. 한반도에서 네 번째로 길고, 유역 면적으로 보면 한반도에서 가장 큰 강입니다.

역사적으로 경기 지역 제2의 도시는 어디일까요? 개성입니다. 우리나라가 분단되면서 개성이 조선시대에 황해도에 있었다고 착각할 수 있는데, 고려시대의 수도 개경은 조선시대에는 경기도에 있었습니다. 개성을 지나는 예성강, 서울을 지나는 한강도 강화도 인근에서 만나요. 고려 후기 몽골이 쳐들어왔을 때 강화도로 피난 간 건 그만큼 가까웠기 때문이죠.

우리 역사에서 인지도는 낮지만, 북한에는 정말 중요한 지역이 있습니다. 황주와 해주에서 이름을 딴 황해도예요. 연백평야, 재령평야가 있어서 북한 쌀 생산량의 70% 이상을 차지한다고 해요. 황해도 지역을 부르는 별칭도 있죠. 서울(한양)을 기준으로 서해(경기만)를 지나 서쪽에 있는 지역이라 해서 海西 지방으로 불렸습니다.

강원도는 관동關東 지역이라고 했는데, 고려시대에 설치된 철령관이라는 관문을 기준으로 동쪽인 강원도는 관동, 서쪽인 평안도는 관서關西, 북쪽인 함경도를 관북關北이라고 불렀다고 해요. 관동 지역은 태백산맥(대관령)을 기준으로 영동嶺東과 영서嶺西로도 나뉩니다. 영동과 영서는 역사적으로 같은 행정구역으로 묶인 적이 드물었어요. 태백산맥 때문에 기후, 지리, 교통이 전부 나뉘었거든요. 영동과 영서가 처음 합쳐진 게 조선시대인데, 그게 지금까지 이어진 거죠. 강원도의 이름에도 영동 지방의 강릉과 영서 지방의 원주가 나란히 들어가 있어요.

평안 감사와 삼수갑산

"평안 감사도 저 싫으면 그만이다"라는 속담이 있습니다. 아무리 좋은 일이라도 당사자가 내키지 않으면 억지로 시킬 수 없다는 뜻이죠. 평안도가 그만큼 부유한 땅이었다는 걸 알 수 있어요. 평양을 중심으로 한 대동강 유역과 안주를 중심으로 한 청천강 유역이 있고, 압록강 하구의 의주를 통해 명나라-청나라와의 교역도 했으니까요.

조선시대에 한양 다음가는 곳은 평양이었지만, 서북 지방에 대한 차별도 있었다고 해요. 그래서 당시엔 "평양 양반이 한양 노비한테 무시당한다"라는 말도 있었대요. 이런 차별과 멸시가 폭발한 게 조선 후기 홍경래의 난이죠. 조선 왕조에 대한 적대감도 높았고, 미국 개신교 일파인 장로교가 국내에서 세력을 확장한 곳도 서북 지방, 즉 평양이었어요.

함경도는 가장 늦게 국토에 편입된 지역으로, 높은 산지가 많아서 오랫동안 한민족보다는 말갈족과 여진족의 땅으로 여겨졌어요. 그러다가 세종대왕이 4군6진을 개척하고 압록강-두만강 국경선을 확정했죠. 하지만 조선시대에도 여전히 오지였어요. 험한 오지 또는 최악의 상황을 뜻하는 '삼수갑산三水甲山'이라는 단어는 함경도에 있는 삼수군과 갑산군을 합친 말이에요. 조선시대에는 최악의 귀양지였죠. 함경도는 원래 함흥과 길주의 이름을 따서 함길주였는데, 세조 때 길주가 분할되면서 함경도가 됐습니다.

한반도 남서부 지방은 강과 호수에서 비롯한 이름이 많아요. 반대로 북부와 동부는 산과 고개를 본딴 이름이 많죠. 이렇듯 지명에는 역사와 지리가 담겨 있습니다.

일본에 신이 800만이나 있는 지리적 이유

800만 신의 나라

참 많이도 닮은 한국과 일본이지만, 정말 다른 부분을 하나 꼽자면 종교입니다. 우리나라에서 가장 많은 종교는 '무교'예요. 대한민국 인구의 약 60%가 종교가 없다고 답했습니다. 신자만 봤을 땐 개신교가 17%로 1위, 불교가 16%로 2위, 천주교가 6%로 3위라고 해요.

그렇다면 일본 제1의 종교는 무엇일까요? 일본 문화청에서 조사했는데, 2022년 기준으로 일본 사람들의 49%가 신토神道(신도)를 믿는다고 합니다. 불교도는 약 46%, 기독교도는 구교·신교를 합쳐도 1%에 불과합니다.

신토는 일본 고유의 민족종교예요. 발전 과정에서 샤머니즘, 도교, 불교 같은 동아시아 종교에 영향을 받으며 많은 변화를 거쳤어요. 가장 큰 특징은 신이 엄청 많다는 거예요. 그래서 일본을 '800만 신(야오요로즈 가미)의 나라', 즉 신이 셀 수 없이 많은 나라라고 불러요. 동식물, 바다와 산 같은 자연, 사물, 조상, 유력 정치인이나 학자가 신이 되기도 해요.

일본의 신토를 이해하려면 자연환경을 이해해야 합니다. 지진, 태풍, 쓰나미(해일), 화산 폭발, 홍수와 산사태 같은 자연재해가 전 세계에서 가장 자주, 큰 규모로 일어나는 나라가 일본이죠. 전 세계에서 일어나는 진도 6 이상의 강력한 지진의 약 18%가 일본에서 일어납니다. 당장 화산이 폭발할 수도 있는 활화산이 100개 이상 있어요.

다양하고도 거대한 자연재해를 겪으면서 일본 사람들은 자연에 대한 경외심을 키워오지 않았을까요? 인간의 힘으로 어찌할 수 없는 자연현상을 신의 영역에 속한 것으로 받아들이는 과정이 신토의 발전과 밀접한 관련이 있어요.

지각판 만남의 광장

일본의 지리를 설명하려면 지각판을 살펴봐야 해요. 일본은 유라시아판, 태평양판, 필리핀판, 북미판이 만나는 곳에 위치하고 있습니다. 4개의 지각판이 부딪히기 때문에 지진과 해일이 잦고, 화산 활동도 활발해 높은 산지도 많죠. 일본의 국토 면적은 영국이나 독일보다는 넓지만, 약 85%가 산지라 평야 지대는 오히려 적어요. 그래

일본에 섬이 많고, 지진이 많이 일어나며, 신이 많은 것은 모두 지각판과 관련이 있습니다.

서 일본인들은 연안 평야에 밀집해 있어요. 도쿄가 있는 간토평야, 나고야가 있는 노비평야, 교토·고베·오사카를 아우르는 오사카평야는 일본의 3대 평야로, 일본의 과거와 현재를 관통하는 중심지죠.

심지어 산맥들은 열도의 한가운데에 있어요. 홋카이도에는 히카다산맥, 혼슈에는 북쪽부터 오우산맥, 히다산맥, 에치고산맥, 주코

쿠산맥 등이, 시코쿠에는 시코쿠 산맥, 규슈에는 규슈산맥이 있습니다. 산맥은 일본열도의 지형과 기후를 나누는 기준이 되므로, 열도 가운데에 있는 산지, 유라시아(동해)를 바라보는 해안 지역, 그리고 태평양을 바라보는 해안 지역으로 나눌 수 있어요.

땅 한가운데 산맥이 있어서 강도 짧아요. 열도 가운데서 강이 출발하면 바로 바다로 빠져나가기 때문이죠. 일본에서 길이가 가장 긴 강은 시나노강인데, 약 367km로 우리나라의 한강, 낙동강, 금강보다도 짧아요. 일본은 국토 면적이 한반도의 약 1.7배에 달하지만 내륙 수운 인프라는 훨씬 약해서, 오래전부터 강보다는 해안을 활용했어요. 바다에 익숙해서 근대화 이후에 세계 3위의 해군력을 보유하기도 했죠.

일본은 섬나라

일본은 지리적으로 '일본 열도'라고 합니다. 1억 3,000만 명의 사람들이 약 7,000개의 크고 작은 섬에서 살고 있어요. 물론 네 개의 큰 섬인 홋카이도北海島, 혼슈本州, 시코쿠四国, 규슈九州를 중심으로 북동쪽에서 남서쪽으로 긴 활처럼 늘어져 있습니다. 홋카이도 끝에서 규슈 끝까지의 거리는 약 1,900km로, 중국 베이징에서 광저우까지의 거리와 비슷할 만큼 길쭉하죠. 황하, 장강이 땅 가운데 흐르고 동그란 모양의 중국 본토와는 달리, 일본은 길쭉한 땅에 산맥이 가운데 흐르고 있어요. 그래서 중앙정부의 힘이 강하게 미치기 어렵죠.

일본과 우리나라의 최단 거리는 부산 사하구에서 쓰시마섬(대마

일본의 면적은 한반도의 약 1.7배에 달하지만, 내륙 수운 인프라는 훨씬 약해요. 그래서 오래전부터 강보다는 바다를 활용했어요.

도) 사이로 약 50km입니다. 일본의 4대 섬 중 하나인 규슈에서 부산까지의 거리는 약 200km, 일본 최대 섬인 혼슈와 우리나라의 거리는 약 250km입니다. 우리나라와는 꽤 가까운 편이에요.

중국과는 동중국해를 사이에 두고 약 800km 정도 떨어져 있어요. 한편 연해주에서 홋카이도까지는 약 400km, 혼슈 북부까지는 약 500km로 조금 더 가깝지만, 추운 날씨와 얼어붙은 바다를 생각하면 접근하기가 어렵죠.

우리나라의 경기, 호서, 관북 지방처럼 일본에도 간사이, 주부, 도호쿠 지방이 있습니다. 각 지방의 특징은 우리나라와 비슷한 면도 있어요.

일본은 한반도를 제외하고 직접 중국으로 갈 방법이 없습니다. 선박·항해 기술이 발달하기 전까지는 남쪽과 동쪽은 바다(태평양)밖에 없었죠. 그래서 일본 사람들은 오래전부터 스스로 '태양이 뜨는 곳'이라고 불렀어요. 근대 이전 동북아의 질서를 주도하던 중국과 떨어져 있어서 선진 문물을 받아들이는 데 어려움이 있었지만, 한편으로는 동북아 국제 질서에 민감하게 반응하지 않고 내부의 일에만 집중할 수 있었죠.

일본의 지방

일본은 보통 9개로 나뉘는데, 홋카이도, 시코쿠, 규슈는 하나의 섬이 하나의 지방이고, 가장 큰 혼슈는 북동쪽부터 도호쿠東北, 간토關東, 주부中部, 간사이關西, 주고쿠中国 지방으로 나뉩니다. (동해 연안을 따로 호쿠리쿠北陸 지방이라 부르기도 하지만, 이 책에선 따로 다루지 않겠습니다.) 마지막으로 규슈 남서쪽의 작은 섬을 한데 묶어 오키나와라고 하죠.

홋카이도는 남한 면적의 약 80%로, 일본에서 두 번째로 큰 섬입니다. 일본 원주민인 아이누족의 터전이었는데, 센고쿠시대(전국시대) 즈음에 본토에 편입되면서 근대화 과정(메이지 유신)에서 본격적으로 개발됐죠. 홋카이도는 일본에서 식량 자급률이 가장 높은 지역으로 꼽히며, 자연이 풍부한 여행지로도 유명합니다.

도호쿠 지방은 혼슈의 동북부에 있어서, 우리나라의 강원도와 함경도가 떠오릅니다. 산지가 많고 눈이 많이 내려서 변방 취급을 받았던 곳이죠. 그러나 농업 기술이 발전하면서 곡창지대로 재평가받았죠. 한편 2011년 원전 사고가 터진 후쿠시마도 이곳에 속해요.

간토는 일본의 수도인 도쿄가 있는 곳으로, 일본 경제와 정치의 중심지죠. 간토평야의 면적은 약 1만 7,000km²에 달합니다. 평야만 해도 서울·경기·인천(약 1만 3,000km²)보다 넓죠. 하지만 일본에서 지진이 가장 잦은 지역이기도 한데, 네 개의 지각판이 만나거든요. 일본 최악의 지진으로 꼽히는 1923년의 관동대지진이 이곳에서 일어났죠.

주부는 혼슈의 중부이자 일본의 중부로, 도쿄와 오사카 사이에 있어 교통의 요지이기도 하죠. 나고야는 주부 지방의 중심 도시입니다. 간토와 가까운 고신에쓰甲信越, 태평양 연안의 도카이東海, 동해 연안의 호쿠리쿠 지방으로 나뉘기도 해요.

간사이는 서일본의 중심지로, 한때 일본의 수도였던 교토와 나라가 이곳에 있어요. 에도 막부 이전까지는 일본의 정치와 문화의 중심지였고, 여전히 일본 전통문화의 중심지예요.

주고쿠는 '적당한 거리의 지방'이라는 뜻입니다. 오랜 기간 일본의 수도였던 교토에서 중간 거리에 있어서 이런 이름이 붙었어요. 동해 쪽을 산인山陰, 남쪽의 시코쿠 쪽을 산요山陽로 구분하기도 해요.

주고쿠 남쪽의 시코쿠는 '4개의 고을'이라는 뜻으로, 예전에는 난카이도南海道라 불렸습니다. 일본의 4대 섬 중 가장 작고, 다른 섬보다 개발도 더딘 편이죠.

규슈는 고대에 9개의 마을이 있어서 붙은 이름이에요. 면적은 우리나라 경상도나 타이완섬과 비슷합니다. 한반도와 가까워서 고대에는 중요한 역할을 담당했지만, 혼슈 지방으로 주도권이 넘어간 후로는 일본 내에서 변방으로 취급받았죠. 예전에 간사이 사람들은 혼슈 사람들을 남만이라 부르기도 했어요.

일본 남서쪽의 오키나와 지방은 한때 류큐 왕국이라는, 일본과는 다른 언어와 문화를 가진 섬나라였어요. 류큐 왕국의 수도 역할을 하던 오키나와가 중심지로, 이 지역에는 약 160개의 섬이 있죠. 오키나와는 17세기 일본 영주들에게 침략당한 후, 메이지 유신 이후로 완전히 일본에 흡수됐습니다. 제2차 세계대전 후에는 미 군정하에 있다가 1972년에 일본으로 반환됐죠. 오키나와 남서쪽에는 중국과의 영토 분쟁 지역인 센카쿠열도(중국명 댜오위다오)가 있습니다.

한국과 일본의 역사
비슷하면서도 전혀 다른 역사

지금은 갈 수 없는 땅, 만주에서 시작한 한민족이 어떻게 해서 한반도에 정착하게 되었는지 살펴보죠. 그리고 일본과 우리의 역사는 어떻게 다르고 또 비슷한지 알아봅시다.

한국사는 왜 만주를 포기했을까

만주는 과거에도 곡창지대였을까?

한민족의 역사는 만주에서 시작했습니다. 고조선, 고구려, 부여, 발해의 영토가 만주에 있었거든요. 어떻게 해서 한민족은 만주에서도 한참 남쪽인 한반도에 정착했을까요? 이번에는 만주의 지정학을 기반으로 우리의 역사를 살펴보고자 합니다.

우선 만주의 농업 생산력을 알아볼까요? 우리 조상은 농사를 지었기에 농업 생산력이 중요했어요. 현재도 만주는 중국에서 손에 꼽히는 곡창지대예요. 만주에 있던 부여에 대해 중국의 역사서에는

"토지는 오곡에 적합하다", "부여는 넉넉하고 풍성하다"라는 기록이 있죠. 실제로 농업 생산력도 좋아서 3세기까지는 고구려보다 부여가 강자였어요. 하지만 3세기 말 선비족의 침략으로 쇠퇴했어요. 만주의 송료 대평원에 있던 부여는 왜 쇠락했을까요?

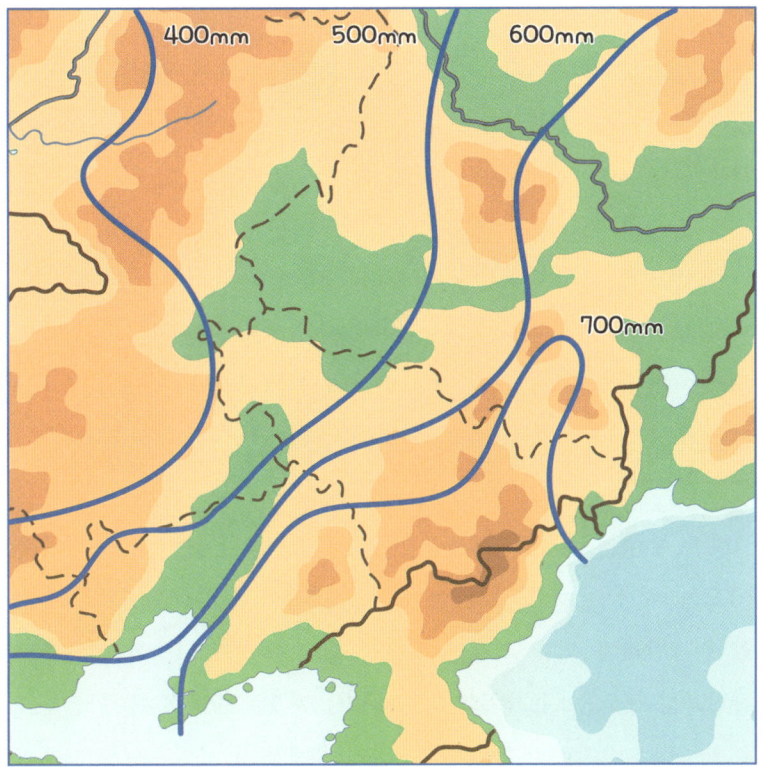

만주를 살펴볼 때는 강수량과 같은 '기후'를 봐야 합니다. 송료 대평원은 지형상 평원이지만, 기후상으론 농경지대에서 초원으로 넘어가는 점이지대거든요.

만주의 지리에는 숨겨진 비밀이 있어요. 바로 기후죠. 위 지도는 만주 지역의 연 강수량을 나타낸 것입니다. 농사를 지으려면 연 강수량이 500~600mm는 돼야 하는데, 송화강과 요하 유역 한가운데로 연 강수량 500mm 선이 지나가죠. 송료 대평원은 지형으로 보면 평원이지만, 기후상으로는 농경지대에서 초원으로 넘어가는 점이지대(경계·혼합 지역)인 셈입니다.

산맥이나 하천 같은 자연 지형만 가지고 만주의 지리나 주민 구성을 살피면 온전히 이해하기 힘듭니다. 연 강수량, 연 평균기온, 연간 무상일수(서리 안 끼는 날) 같은 기후를 알아야 해요. 강수량이 적은 서북부의 초원지대에는 오환, 선비, 거란 같은 유목민이 활동했고, 강수량이 상대적으로 많은 중남부에는 고조선, 부여, 고구려 같은 정주·농경민이 거주했어요. 한편 강수량은 적지 않지만 기온이 낮은 만주 동북부에는 읍루·숙신계, 말갈·여진족 같은 수렵민이 살았죠.

다시 부여를 살펴봅시다. 부여가 있던 송화강 유역은 연 강수량 500mm 선에 걸쳐 있어서, 농사가 잘되면 국력이 강해지지만 조금만 추워지거나 비가 안 오면 농사를 제대로 짓기 힘들어져요. 송화강 유역은 농경지와 초원의 중간이라, 부여는 중국에 수출할 정도로 말을 많이 길렀다고 합니다. 하지만 초원과 지리적으로 가까운 만큼 유목민들과의 대립이 많을 수밖에 없죠. 부여는 기후 악화와 유목민의 침략이 겹쳐서 쇠락해진 겁니다.

만주가 제대로 개발되기 시작한 건 일제가 1932년에 만든 괴뢰국 만주국이 들어선 후인데, 농업 기술도 발전하면서 만주의 기후를 극복할 수 있었죠. 이후에 만주를 점령한 공산당 정부는 수많은 인민을 희생시켜 만주를 개간했고, 그제야 중국의 대표적인 농지로 발돋움했습니다. 그전까지 만주는 '긁지 않은 복권'이었던 셈이죠.

만주는 계륵이다

만주의 지리에 숨겨진 또 다른 비밀이 있다면, 요하와 다싱안링(대흥안령)산맥입니다. 중국 본토와 만주 사이에는 요하가 흐르고, 서쪽부터 옌산(연산)산맥, 칠노도산맥, 노노아호산맥, 흑산산맥, 의무려산맥 등 은근히 험준한 산지가 해안가까지 이어져요. 북쪽엔 커얼친사막도 있습니다. 산맥과 사막을 지나고도 요하 하류에는 늪지대가 있어요. 왜 수나라, 당나라가 대군을 이끌고도 고구려에 깨졌는지 알 만하죠.

이에 반해 만주는 몽골고원(몽골초원)과 지형적으로 가까워요. 만주와 몽골고원 사이엔 다싱안링산맥이 있는데, 산줄기는 크지만 넘어 다니기에 어렵지 않죠. 산맥의 고도가 몽골고원과 크게 차이나지 않고, 만주와 연결된 동남쪽 사면도 완만한 편이거든요. 오래된 산맥이라 송화강, 눈강, 아무르강 등 하천이 잘 형성돼서, 하곡(골짜기)을 통해 이동하고 교류하기 쉽습니다. 그래서 조선 후기 만주를 통일한 청나라가 중국 본토의 관문인 산하이관은 못 뚫어도, 몽골초원을 돌아서 명나라를 약탈할 수 있었던 거예요.

몽골고원과 만주가 지리적으로 가까운 탓에 만주 서쪽인 요하 유역에서는 유목민족이 많이 활동했어요. 선비족의 일파인 모용부가 요하 지방에 있다가 베이징을 수도로 삼아 전연과 후연이라는 나라를 세웠죠. 선비족의 다른 일파인 탁발부는 만주 북부에 있다가 내몽골을 거쳐서 중국 산시(산서) 지방으로 남하해서 북위를 세웠고요. 거란족도 요하 유역에서 활동하다가 고구려가 멸망하고 당나라의 영향력도 약해진 후 요나라로 성장하죠. 우리나라 선사시대에도 유목민과의 교류 흔적(유적)이 많이 발견되는 이유가 여기에 있습니다.

그렇게 보면 우리 민족에게 만주는 계륵 같은 존재입니다. 만주는 유목지대, 농업지대, 수렵지대 등 다양한 지형과 기후대가 섞여 있었고, 그나마 농사지을 수 있는 지역은 1930년대 이전까지는 꾸준한 생산력을 담보하지 못했고요. 다양한 지형과 기후 때문에 거란, 선비, 부여, 고구려, 말갈, 여진 등 다양한 사람이 살아서 그만큼 통제하기도 어려웠죠. 전성기의 고구려는 만주 전역을 지배했지만, 북쪽의 유목지대랑 동쪽의 수렵지대는 사실상 간접적으로 지배했을 뿐이에요. 한족이 세운 대제국들도 만주를 직접 지배한 적은 없었어요. 통치하기 어렵고 생산력도 좋지 않았으니까요.

요동의 지정학

하지만 아쉬움은 남아요. 요하의 동쪽인 요동은 우리의 영토로 만들어야 했던 게 아닐까요? 압록강 이남의 한반도와도 곧바로 연결되고, 농업 생산력도 만주에서 가장 좋은 편이었으니까요. 요하 하류의 늪지대 덕분에 중국의 공격도 잘 방어할 수 있을 테고요.

 하지만 한족 왕조에도 요동은 중요한 곳이었어요. 만주와 유목지대를 통제할 수 있는 거점이었거든요. 한나라가 고조선을 멸망시키고 한사군韓四郡을, 당나라가 고구려를 멸망시키고 안동도호부를, 명나라가 원나라를 물리치고 요동도사를 요동에 설치한 이유죠. 그런데 유목민족에게도 요동은 중요한 요충지였어요. 경제력도 좋고, 한반도를 견제하기에도 좋았거든요. 거란족의 요나라도, 여진족의 금나라도, 만주족의 청나라도 요동을 안정화한 후에 중국을 침공했어요.

 물론 우리 조상들도 꾸준하게 요동을 점유하려 했어요. 고구려가 멸망하고 만주에 세워진 발해는 3대 문왕 때부터 요동 진출을 꾸준히 시도했죠. 고려도 북진정책을 통해 요동을 차지하길 바랐지만, 거란·여진·몽골 등의 강한 유목 제국 때문에 실패했어요.

 물론 기회는 있었습니다. 남중국에서 들고일어선 한족의 명나라가 몽골족의 원나라를 몽골고원으로 밀어내던 원명 교체기에 요동에는 권력 공백이 생겼어요.

 이때 고려의 왕은 몽골의 간섭을 뿌리치고 자주 정책을 펼치기 시작한 공민왕이었어요. 1352년에 즉위하면서부터 요동 정벌을 위한 거점을 확보하고 1370년에는 요동을 정벌하라고 군대를 보내죠. 이때 활약한 장군이 이성계였습니다. 전쟁에서 승리한 고려군은 요동성을 점령하기까지 했지만, 하필 군량고에 불이 나서 식량이 떨어지고 본국에서 보급도 잘 이뤄지지 않았어요. 당시 고려는 내부적으로도 불안정한 상황이어서 결국 점령하자마자 퇴각하고 맙니다. 그렇게 고려의 요동 정벌이 허망하게 끝난 이듬해, 1371년 명나라가 요동을 정복하고 요동도사를 설치했죠.

1388년에도 고려에서 요동 정벌을 한 번 더 시도했어요. 이번에도 이성계 장군이 출전했지만, 그는 요동 대신 압록강에 있는 위화도에서 회군해서 쿠데타를 일으켰어요. 바로 고려 멸망의 시작점인 위화도 회군입니다. 1388년에는 명나라가 요동을 장악하고 있었고 명나라에도 요동은 중요한 요충지였기에, 그때 공격했다면 후폭풍이 거셌겠죠.

한족과 유목민족의 틈바구니에서, 우리 조상들은 압록강 국경선을 현실적인 타협점으로 여긴 게 아닐까요? 요동을 지키거나 수복하려는 시도는 많았지만, 현실적인 제약 때문에 실현할 수 없었죠. 결국 한반도와 요동의 경계선인 압록강을 우리의 북방 한계선으로 삼은 것으로 보입니다. 우리 민족의 생존과 안정에 초점을 둔 현실적인 선택인 셈이죠.

익숙한 한국사 비틀어 보기

대한민국은 단일민족 국가일까?

대한민국은 단일민족 국가일까요? 전쟁, 무역 등 수많은 교류가 이뤄지면서 한민족은 다양한 민족과 혼혈을 이뤘어요. 사실 혈통상으로 단일민족은 없어요. 하지만 민족이라는 개념은 혈통에 의해서 구분되는 건 아니에요. "우리가 스스로를 어떻게 생각하는가?"라는 관념에 따른 거죠. 소수의 이민자를 제외하고 대한민국 사람 대부분은 한민족이라는 정체성을 공유해요. 이민을 온 외국인이라도 한국에서 한국식 교육을 받으면 대한민국과 한민족이라는 정체성을 갖죠.

모든 민족과 국가의 역사에는 나름의 정체성이 담겨 있습니다. 그러니까 "한국 국민, 한민족의 정체성이 왜 그렇게 형성되었는가?"에 대한 답이 곧 한국의 역사가 되겠죠. 예를 들어볼까요? 코로나19가 전 세계적으로 유행할 때 많은 선진국은 혼란스러웠지만, 우리나라는 온 국민이 힘을 합쳐 잘 대응했어요. 국가가 강제하지 않아도 국민이 알아서 시스템을 유지하려는 강한 의지가 있으니까요.

이런 일은 적지 않게 일어났죠. 1997~1998년 IMF 경제위기 때도 사람들은 금 모으기 운동 등을 통해 경제위기를 극복하려 자발적으로 움직였어요. 그리고 400여 년 전 일본이 조선을 침공했을 때, 조선의 백성들은 임금이 수도를 버리고 도망가는 와중에도 이 나라와 이웃을 지키려고 의병을 일으켜 일본과 싸우기도 했죠. 이런 움직임은 왜 일어나고 어떻게 조직되는 걸까요? 그 답을 한국사에서 찾을 수 있어요.

부정적인 이야기도 해볼까요? 우리나라는 외교 관계에 많이 흔들리곤 해요. 특히 강대국과의 외교 관계가 국내 정치의 첨예한 쟁점이 되거나, 국론이 분열되기도 하죠. 이에 대한 답도 한국사에 있습니다.

고구려는 한국의 역사가 맞을까?

고조선, 고구려, 부여, 발해는 한국사에 포함해야 할까요? 중국은 "지금은 중국 영토에 있던 나라니까 중국 역사"라고 일방적으로 주장하지만, 고조선, 고구려, 부여, 발해는 엄연히 한국의 역사입니다.

각 '나라'의 역사를 구분하는 건 어려운 일이에요. 현존하는 나라는 길어봤자 300년이 안 되지만, 인간의 역사는 수천 년이 넘어요. 대한민국도 임시정부 수립을 기준으로 보면 100년이 조금 넘었을 뿐입니다.

대개 각 나라의 역사는 그 나라의 '정체성'에 영향을 준 사건으로 정해요. 우리나라의 정체성은 국호만 봐도 알 수 있어요. 우선 대한민국이라는 이름은 고대 한반도에 있었던 삼한三韓을 우리의 뿌리로 생각하기 때문에 붙였죠. 한편 외국에서 우리를 코리아Korea라고 부르는 이유는 10~14세기에 한반도에 있던 고려, 고려가 계승하려 했던 고구려가 우리의 조상이기 때문이에요. 몽골제국의 쿠빌라이 칸이 후계자가 되기 위해 경쟁하던 시절, 고려의 태자(훗날 원종)가 자신을 찾아왔을 때 "그 옛날 당 태종도 굴복시킬 수 없었는데, 그 나라(고구려)의 태자가 왔으니 이는 하늘의 뜻이다"라며 기뻐했습니다. 동북아시아에서 조선은 고려이고, 고려는 고구려였으니까요.

그런데 중국의 역사, 특히 한족의 역사에서 고구려는 어떤 의미를 지닐까요? 눈엣가시 같았던 이민족이었습니다. 이민족이 세운 나라라고 해서 중국의 역사에 포함하지 않는 건 아니에요. 저는 선비족이 세운 수나라와 당나라, 거란족이 세운 요나라, 여진족의 금나라, 몽골족의 원나라, 만주족의 청나라를 중국의 역사라고 보거든요. (물론 원나라는 몽골의 역사이기도 합니다.) 선비, 거란, 여진, 몽골은 중국 본토의 일부 또는 전체를 지배하면서 현 중국의 정체성과 역사에 지대한 영향을 끼쳤기 때문이죠. 대표적인 게 호한문화로, 한족이라는 농경민의 문화와 호胡라 불리는 유목민의 문화가 융합되면서 당나라는 개방적인 세계 제국으로 발돋움했어요.

그렇다면 한국사의 범위는 어떻게 설정해야 할까요? 우리의 정체성에 지대한 영향을 끼쳤던 나라인 고조선, 삼한, 부여, 고구려, 백제, 신라, 발해, 고려, 조선을 포함시킬 겁니다. 하지만 숙신, 읍루, 물길, 말갈, 여진, 만주족이라 불렸던 퉁구스계 민족은 넣지 않겠죠. 사실 퉁구스계 사람들은 2,000년 넘게 우리 민족과 많이 교류했어요. 함경도에는 수십 년 전까지 여진족의 후손이 살았고, 청나라의 역사서 《만주원류고》에서도 자신들의 뿌리로 백제, 신라를 거론하기도 했어요. 하지만 퉁구스계는 부여, 고구려 때부터 조선시대까지 꾸준하게 우리와 가깝게 지낸, '다른 사람들'이었죠.

기본적으로 한민족은 고민을 거듭한 끝에 농사를 지으며 사는 농경민으로서의 정체성을 형성해왔기에, 수렵과 유목 등을 하던 퉁구스계와는 혈통적, 문화적 교류가 직접적으로 이뤄지진 않았던 거죠.

한민족은 왜 이렇게 잘 뭉칠까?

'민족nation'은 생각보다 오래된 개념이 아니에요. 프랑스혁명 때부터 유럽에 퍼지기 시작한 개념이니, 200년 정도밖에 안 된 거죠. 같은 민족에 속하는 사람들이 그들만의 국가를 만들어야 한다는 주장을 민족주의Nationalism라고 해요.

하지만 한국의 역사에서 민족이라는 개념이 1,000년은 된 것으로 보입니다. 고려시대부터 1,000년 동안 하나의 국체를 유지하고 외적의 침략을 막아내면서 '우리는 하나'라는 동질 의식을 공유한 거죠. 많은 외적의 침입이나 일제의 국권 침탈에도 우리 조상들은 의병을 조직해 싸우거나 치열하게 독립운동을 했습니다.

외국의 학자들도 한국의 역사를 분석할 때 가장 먼저 꼽는 특징이 왕조의 긴 수명인데요. 조선 왕조 500년에 고려 왕조 500년이니, 통일 왕조만 1,000년입니다. 게다가 신라는 1,000년간 이어졌고, 고구려, 백제, 가야도 500년이 넘었죠.

한국사에선 왕조 교체도 비교적 평화롭게 이뤄졌어요. 고려가 망하고 조선의 태조 이성계가 왕으로 즉위하는 데는 시간이 그다지 걸리지 않았죠. 이성계가 고려의 정권을 장악한 '위화도 회군'이 1388년에 일어났고, 조선 건국은 1392년이니까요. 500년이나 지속된 고려 왕조가 이성계라는 새로운 왕을 받아들이는 데 4년밖에 걸리지 않았다는 뜻입니다. 신라에서 고려로 넘어가는 과정에서는 약 50여 년의 혼란기를 겪긴 했지만, 고려가 후백제를 멸망시키기 전에 고려는 신라를 17년 동안 보호해줬어요. 그리고 자연스럽게 고려는 신라를 흡수하죠. 그래서 왕조가 교체될 때도 숙청을 통한 지배층의 교체가 상대적으로 적게 일어납니다. 그래서 고려 말의 신흥 지배층인 신진사대부의 상당수가 조선의 지배층으로 이어져요.

한반도에서 외교가 중요해진 지정학적 이유

어떤 학자는 한국이 외적의 침략이 적었다고 말하는데요. 한국학을 전공하고 가르친 브리검영대학교의 마크 피터슨 명예교수는 고구려가 멸망한 668년부터 청일전쟁이 벌어진 1894년까지 1,200년 가까이 한국은 평화로웠다고 주장해요. 중간에 큰 전쟁이라곤 13세기 몽골의 침략과 16세기 일본의 침략(임진왜란)뿐이었다 는 거죠.

그런데 동의하기 힘든 한국인이 많을 것 같아요. 한국에 한恨이라는 정서가 묻어 있는 건 외적의 침략을 많이 받았기 때문일 거라 생각하거든요. 한국의 전쟁사와 외교사를 이해하려면 동북아시아 역사에서 한국의 지정학이 어땠는지 살펴봐야 합니다.

백지도를 놓고 보면 한반도와 만주는 중국 본토와 유목민족의 영역 사이에 있지 않고 동쪽에 치우쳐 있는 편이죠. 하지만 다싱안링(대흥안령)산맥을 사이에 둔 만주와 몽골초원은 지형적으로 가깝습니다. 중국 본토와 한반도(+만주)는 서로 공격해 점령하기는 멀지만 서로 교류하기엔 가까운, 적당한 거리감이 있습니다. 동북아 역사에서 양강兩强을 형성한 한족 왕조와 유목 제국 사이에 우리 조상들이 있었던 셈입니다.

이러한 한국의 지정학이 한국의 역사에서 외교를 중요한 요소로 만들죠. 한족이 강할 때건 유목민들이 강해질 때건, 한민족의 나라를 멸망시키거나 멸망 직전으로 몰아세워서 자기편으로 끌어들였어요. 중국에서 한나라가 들어섰을 때 고조선이 멸망하고, 유목민인 선비족이 강해질 때 부여가 쇠락하며. 당나라가 들어섰을 때 고구려가 멸망한 것만 봐도 그렇죠. 당나라의 동맹이었던 신라도 침공받았고, 거란족이 커질 땐 발해가 멸망했으며, 거란족(요나라)이 중국을 정복하기 전에 고려를 세 차례나 침공하기도 했어요. 여진족이 금나라를 세울 때 고려는 금나라에 사대의 관계를 맺었고, 몽골족이 중국을 제패할 때 고려는 9번이나 침공을 받고 항복했죠. 한족의 명나라가 몽골의 원나라를 밀어낼 때 가장 크게 견제했던 나라가 고려와 조선이었고요. 만주족은 청나라(후금)를 세울 때 조선을 두 차례 침공합니다.

이렇듯 한족과 유목민의 잦은 침공 때문에 우리 민족의 정체성이 더 강해지긴 했지만, 저들의 침공 때문에 우리는 생존을 걱정해야 했고 동북아 국제 정세가 급변할 때마다 외교 문제가 중요한 쟁점이 될 수밖에 없었던 거죠.

일본사는 한국사와 얼마나 다를까

아시아보단 유럽에 가까운 일본사?

일본의 역사에는 친숙하면서도 독특한 부분이 있습니다. 우리나라의 영향을 받아서 중앙집권 과정이 우리나라 고대사와 비슷하다는 점이죠. 그러다가 점차 달라지는데, 중앙집권화를 하다가[고대], 귀족이나 지방 영주의 힘이 세지면서 지방분권적인 시대를 겪고[중세], 대혼란기를 겪는 식이죠. 그 혼란기를 정리하고 강력한 정권이

	일본	우리나라
① 신화에서 국가로	조몬 - 야요이 - 고훈시대	고조선
② 일본의 정체성 형성	아스카-나라 - 헤이안시대	삼국시대
		남북국시대
③ 혼란과 도전기	가마쿠라 막부 - 무로마치 막부 - 센고쿠 시대	고려시대
		조선 전기
④ 다시 하나가 된 일본	에도 막부	조선후기
⑤ 근대화의 노력과 시련	메이지 시대~군국주의	구한말~일제강점기
	일본국	대한민국

표 2 한국사와 함께 보는 일본사

들어서지만[근세], 중간 계급의 엘리트를 중심으로 근대화를 이룩합니다[근대]. 아시아보다는 유럽의 역사와 비슷해 보이죠? 물론 얼개만 비슷해 보일 뿐, 자세히 들여다보면 전혀 다른 흐름이에요.

 일본의 역사 흐름이 독특하긴 하죠. 미국의 정치학자 새뮤얼 헌팅턴도 《문명의 충돌》에서 전 세계 문화권을 9개로 분류하면서 일본을 독자적인 문화권으로 다뤘거든요.

 일본사가 독특한 흐름을 보인 건 지리적으로 설명할 수 있습니다. 일본은 유라시아반도 동쪽 끝에 있는 화산섬에 선 나라죠. 첫 번째, 근대 이전까진 지정학적으로 고립돼 있어서 일본인들은 다른 지역과의 관계에 에너지를 낭비하지 않고 일본열도 내부의 일에만 집중할 수 있었어요. 두 번째, 열도 가운데 산맥들이 굵직하게 흘러서 중앙집권을 하기가 힘들었죠. 일본열도가 유럽만큼 크지 않은 덕분에 중앙집권화에 성공은 했지만, 오랫동안 각 지방이 서로 경쟁하며 자신만의 문화를 발전시켰어요. 세 번째, 유라시아대륙 동쪽 끝이라는 일본의 지정학이 근대에 들어서며 바뀌었다는 점이죠. 근대 이전엔 중국의 선진 문물을 빠르게 받아들이긴 어려웠지만, 유럽 열강이 전 세계를 주도하는 근대에 들어선 서양 문물을 빠르게 흡수할 수 있었으니까요. 이런 배경지식을 갖고 일본의 역사를 바라보면 이해하기 쉬울 거예요.

일본사 틀 잡기

저는 일본의 역사를 ①신화에서 국가로, ②일본의 정체성 형성, ③혼란과 도전기, ④다시 하나가 된 일본, ⑤근대화의 노력과 시련으로 나누어 살펴보려 합니다.

  일본에선 조몬·야요이·고훈시대를 거치면서 선사시대를 지나 국가가 형성되기 시작하는데요(①). 고대로 불리는 아스카·나라·헤이안시대에 중앙집권화가 진행되고 정체성도 형성되죠(②). 그러나 가마쿠라 막부, 무로마치 막부 시대와 대혼란기 센고쿠시대를 겪으며 일본만의 독특한 움직임을 보입니다(③). 결국 전국이 통일(아즈치모모야마시대)되고 에도 막부가 들어서면서 일본은 다시 하나가 됩니다(④). 유럽 열강이 아시아에 힘을 뻗기 시작하는 19세기 중반 이후로 일본은 새로운 시대를 맞이하죠(⑤).

일본의 조몬·야요이·고훈시대는 역사책에서 배우는 구석기·신석기·청동기·철기시대와 구분이 조금 다릅니다. 그래서 일본사는 본격적으로 공부하기 전부터 거리감이 느껴지죠. 조몬·야요이·고훈시대는 대표 유적 또는 유적지를 기준으로 구분해요. 조몬은 일본어로 '줄무늬'를 뜻하니, 조몬시대는 '줄무늬토기 시대'와 같은 겁니다. 야요이는 도쿄 내 지명이니까 야요이 시대는 '야요이에서 발견된 토기의 시대'라고 이해하면 되고요. 고훈은 고분을 뜻하는데, 고훈시대는 지배층의 권위를 상징하는 대형 무덤(고분)이 생긴 때죠.

이후의 시대 구분은 주로 권력 중심지와 지배 구조의 변화에 따라 나뉩니다. 고대인 아스카·나라·헤이안시대는 일본의 군주 덴노가 있는 도읍을 기준으로 하죠. 아스카와 나라는 가까이 있고, 헤이안은 교토 근처에 있었어요. 가마쿠라 막부, 무로마치 막부, 에도 막부 시대는 중앙정부 역할을 한 막부가 어디에 있는지, 최고 권력자인 쇼군이 어떤 가문을 차지했는지에 따라 나뉘죠. 막부가 가마쿠라에 설치되면 가마쿠라 (막부) 시대, 교토의 무로마치에 설치되면 무로마치 (막부) 시대, 에도(도쿄)에 설치되면 에도 (막부) 시대라고 불러요. 참고로 쇼군 가문의 성을 따서 무로마치 막부는 아시카가 막부, 에도 막부는 도쿠가와 막부라고도 합니다.

한국사와 일본사의 교류

1만 년 전, 지구가 따뜻해지면서 해수면이 높아졌죠. 그러면서 호수 같았던 동해가 태평양과 만나고, 일본 땅도 유라시아반도에서 완전히 분리됩니다. 이후 한반도에서 벼농사와 철기 문화를 가진 사람들이 일본으로 이주했는데, 일본사에선 이들을 '바다를 건너온 사람들'이라는 뜻에서 도래인渡來人이라고 해요. 새로운 기술 덕분에 먹을거리도 많아지고, 논에 물을 대는 과정에서 분업이 일어나면서 사회가 만들어지고 계급이 생깁니다. 그렇게 작은 나라들이 만들어지고 3세기 후반엔 부족 연합정권인 야마토 정권이 들어서죠.

야마토 정권은 4세기 말부터 2기 도래인이 급증하면서 권력을 강화하기 시작해요. 한반도에선 광개토대왕이 백제와 가야를 공격하고 장수왕이 한반도 남쪽으로 영역을 확장할 때여서, 백제와 가야에서 일본열도로 피난 오는 사람이 늘어났어요. 그래서 피난 오는 도래인에게 선진문화를 배우며 백제 등을 지원하죠. 당시 일본에선 도래인들이 실권을 잡기도 해요. 야마토 정권의 주요 외척 가문이었던 일본의 소가 씨는 백제계 도래인이었다고 합니다.

실제로 백제가 멸망할 무렵, 일본은 백제 부흥 세력을 지원해서 당시 일본 여왕이었던 사이메이 덴노가 직접 출정합니다. 일본의 덴노가 직접 해외 원정을 떠난 건 이때가 유일했죠. 물론 백제까지 오지 못하고 규슈의 후쿠오카에서 죽었다고 해요. 서기 663년, 금강 하구에서 벌어진 백촌강전투에서 백제 부흥 세력이 패하면서 백제는 멸망합니다. 백촌강전투 이후 한반도와 일본열도 사이의 접점은 끊어지고, 일본열도를 경계로 한 영토 의식이 강해지면서 일본이라는 국가 의식의 원형이 탄생하죠.

덴노와 쇼군

일본사에서 빼놓을 수 없는 개념은 일본의 왕, 즉 덴노天皇예요. 이는 중국의 천자天子, 황제라는 개념의 영향을 받았어요. 백제가 멸망한 7세기 후반인 덴무 덴노 때 수도를 아스카, 국호는 일본, 왕의 칭호를 덴노로 바꿉니다.

덴노가 갖는 특이한 점은 만세일계萬世一系라는 개념인데요. '일본 왕실은 초대 덴노 이래 단 한 번도 단절되거나 바뀌지 않았다'라는 뜻이죠. 몇 차례 혈통이 바뀐 흔적은 있지만, 1,500년 가까이 왕조가 지속된 건 세계적으로 찾아보기 힘든 사례이긴 합니다. 덴노의 자리를 빼앗을 능력이 되는 권력자들도 굳이 빼앗지 않았어요. 다른 지역과의 교류가 적은 섬나라에서, 덴노라는 존재 자체가 일본의 정체성으로 자리 잡았기 때문이 아닐까 싶습니다.

그래서 일본사에선 '꼭두각시 정치'가 자주 등장합니다. 헤이안 시대 말기에 일본의 셋쇼摂政과 간바쿠関白가 덴노의 직무를 대리했는데, 이를 섭관정치摂関政治라고 해요. 중앙정치가 외척과 귀족에 손에서 놀아나면서, 지방에선 호족과 사원의 힘이 강해지고 이들이 무장한 무사 계층이 일본의 중심으로 자리 잡죠.

결국 겐페이내전을 거치며 1185년 미나모토 가문이 정권을 잡고 1192년 덴노에게 쇼군으로 임명돼요. 미나모토 가문은 본부(막부)를 가마쿠라에 세우며 가마쿠라 막부가 열리죠. 쇼군將軍의 정식 호칭은 정이대장군征夷大將軍으로, 북동부의 이민족(에미시)을 정벌하라고 만든 직책이지만 가마쿠라 시대부터 약 700년 동안 일본의 최고 권력자였어요. 독특한 건 가마쿠라 막부에서도 꼭두각시 정치가 등장한다는 점이죠. 쇼군 가문의 대가 끊기면서 호조 가문이 싯켄執權의 자리에 올라 실질적으로 나라를 다스립니다.

허울뿐이었던 덴노의 존재는 19세기 중반 근대화와 더불어 역할이 강조됩니다. 막부 체제를 청산하고 덴노 중심의 개혁 과정을 메이지 유신이라고 하죠. 근대 이후 덴노는 다섯 명이 있었는데, 메이지, 다이쇼, 쇼와, 헤이세이, 레이와(현직)는 각 덴노의 연호年號를 기준으로 시대를 구분한 용어예요. 무쓰히토, 요시히토, 히로히토, 아키히토, 나루히토는 덴노의 휘(이름)예요. 덴노가 사망하기 전엔 휘로 부르고 사망 후엔 연호로 부릅니다. 현직인 나루히토 덴노의 연호는 레이와로, 나루히토 덴노가 사망한 이후엔 레이와 덴노라 부르겠죠.

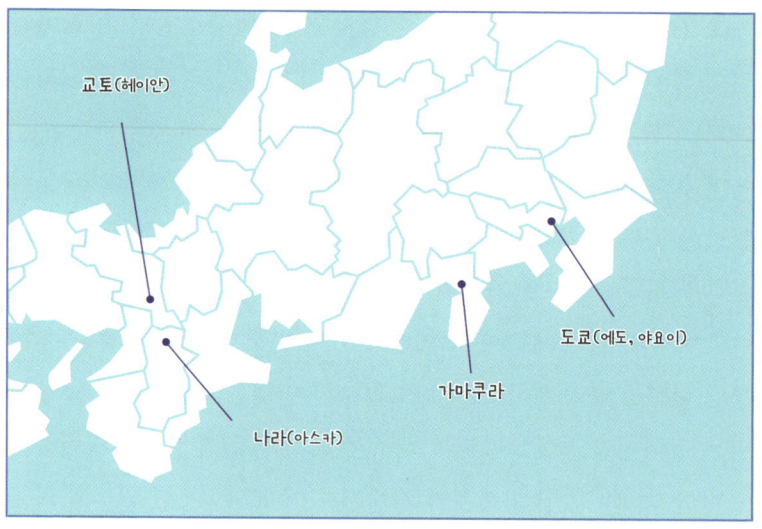

교토와 나라가 있는 간사이 지방은 도읍지의 역할을 해왔습니다. 도쿄가 있는 간토 지방은 에도 막부 시대를 연 도쿠가와 이에야스 시절부터 본격적으로 개발돼 일본의 중심지가 됐죠.

역사로 보는 한일의 지정학

유목민족이 사라졌다

가깝고도 먼 이웃인 한국과 일본의 지정학을 역사적인 관점에서 살펴보려고 합니다.

근대 이전 한국의 지정학은 '한족과 유목민족의 균형자'였습니다. 그런데 조선 후기부터 동북아시아의 지정학이 묘하게 달라졌는데, 가장 큰 변화는 유목민족이 사라졌다는 거예요. 청나라를 세운 만주족이 유목지대를 정리해버렸기 때문이죠. 몽골초원은 명나라를 정복하기 전부터 정리됐고, 마지막 유목민족인 오이라트까지 정복했거든요. 신장위구르와 티베트까지 정복하자 만주족은 한족에게 동화되고, 18세기가 되면 한반도 주변에 농경민을 위협하는 유목민이 사라져요.

사실 기술이 발전하고 전쟁 양식이 바뀌면서 유목민의 시대가 자연스럽게 저물었다고 보는 게 맞겠죠. 칼과 활로 싸우는 냉병기의 시대에서 총과 대포가 있는 열병기의 시대로 전환되면서, 병사 개인의 전투력에 의해 전쟁의 승패가 결정되지 않습니다. 말의 기동력도 장점을 잃었죠.

저는 조선 후기에 근본적인 개혁이나 세력 교체, 왕조 교체가 이뤄지지 않았던 이유를 유목민족이 소멸했기 때문이라고 봅니다. 물론 조선 후기에 개혁이 아예 없었다는 말은 아니에요. 흔들리는 시스템, 힘들어하는 백성을 위해 조선은 많은 것을 개혁했거든요. 조선 후기에 자생적인 근대화의 씨앗이 생겼다는 학술적인 주장도 있죠. 하지만 임진왜란과 병자호란을 겪은 조선은 이전과는 아예 다른 무언가가 필요했어요. 고려 말, 근본적인 개혁을 부르짖고 새로운 나라 조선을 세운 신진사대부처럼, 세력 교체가 필요했죠. 몽골 간섭기와 권문세족이라는 적폐를 신진사대부가 갈아엎을 수 있었던 건, 이성계라는 명망 높은 군벌의 지원도 있었지만 한족(명나라)과 유목민족(원나라)의 패권 교체기라는 지정학적인 요인도 컸기 때문이에요.

청나라가 동북아시아를 제패한 18~19세기부터 조선에는 '농경 vs. 유목'이라는 지정학적 변수가 사라졌어요. 경제적으로 보면 조선은 그 어느 때보다 위기였지만, 지정학적으로 보면 그 어느 때보다 안정적인 시기였던 거죠. 그렇게 유목민이라는 변수가 사라지고 정체되기 시작한 한반도의 지정학에 또 다른 변수가 등장합니다.

'바다 오랑캐'의 등장

1840~1860년에 영국과 청나라 사이에 두 차례에 걸쳐 벌어진 아편전쟁은 동북아시아의 지정학에 큰 변화가 일어났다는 것을 보여줍니다. 19세기 당시 전 세계가 유럽 강대국의 식민지로 되어가고 있었는데, 중국은 유럽 열강과 직접 부딪히지 않았어요. 유럽이 아무리 강해졌어도 청나라는 '동양의 잠자는 사자', '침묵의 강자'라는 이미지가 강했거든요. 그러나 아편전쟁에서 청나라가 크게 패하면서 유럽 열강은 청나라를 본격적으로 침략하기 시작했죠.

그러자 청나라에만 잘 보이면 국체를 보전할 수 있었던 조선의 지정학에도 지각변동이 일어나요. 19세기 중반부터 한국의 지정학은 '농경 vs. 유목'에서 '대륙 세력 vs. 해양 세력'으로 바뀝니다.

참고로 이런 지정학적 변화는 21세기 중국도 아직 해결하지 못했어요. 역사적으로 중국(한족)은 만리장성 북쪽의 유목지대만 관리하면 되고, 바다는 큰 문제가 아니었어요. 그런데 19세기 중반 초강대국 영국이 바다에서 나타났고, 지금도 중국의 바다는 미국과 그 동맹국들에 포위돼 있거든요.

지정학의 역전

근대 이전에 일본의 지정학은 '동북아 끝에 있는 섬나라'였습니다. 인구 이동도 가장 늦게 이뤄지고 문화적으로도 중국이나 한반도에 뒤처졌죠. 그래서 임진왜란이 끝난 이후, 일본의 에도 막부는 조선에 통신사를 보내달라고 요청했어요.

그러나 19세기 중반 동북아시아의 지정학이 급변할 때 동북아시아에 끝에 있었던 일본이 기회를 잡아요. 청나라가 주도하는 기존의 질서와 영국·미국 등 바다 밖에서 넘어오는 세력이 주도할 새로운 질서 사이에서 무엇을 선택할지 고민하죠. 미국에 의해 강제로 개방한 일본은 기존의 막부 세력과 개혁 세력 사이에 내전(1868~1869)이 벌어지기도 합니다. 이때 개혁파가 승리하면서 덴노를 중심으로 개혁(메이지 유신)을 시작해 근대화에 성공해요.

물론 상황도 맞아떨어졌어요. 간토·노비·오사카평야의 생산력

덕분에 일본은 다른 나라가 쉽게 무시할 수 없는 나라였는데, 기나긴 혼란기를 끝내고 에도 막부 때 온전한 통일을 이뤘던 거죠. 쇄국 정치를 하는 와중에도 네덜란드, 포르투갈 상인과 교류하며 세상 돌아가는 흐름은 알고 있기도 했고요.

근대화에 성공한 일본은 지정학에 눈뜨기 시작했죠. 프로이센의 장교 클레멘스 메켈이 한반도를 "일본의 심장을 겨누는 단도"라고 했거든요. 그는 1885년 일본에 부임해서 일본 육군대학의 교관으로 일했는데, 한반도가 일본에 어떤 의미를 갖는지 깨닫게 해준 거죠. 그리고 다음과 같이 주장했습니다. "만약 제3국이 한반도를 점령하면 일본 공격을 위한 발판이 된다. 한반도가 일본의 심장을 겨누지 못하도록 약화시키거나 통제하는 건 일본의 핵심 이익이 된다."

지정학적 지각변동에 빠르게 적응한 일본은 한반도를 식민지로 만들어 대륙 진출의 교두보로 활용합니다.

한반도 분단의 지정학

일본은 제2차 세계대전에서 핵폭탄을 맞고 나라가 쑥대밭이 된 와중에도 한반도를 포기하지 않았어요. 일본 군부의 일부 인사는 1944년 후반부터 패전이 불가피하다는 것을 예측했다고 합니다. 그런데도 항복하지 않은 건 소련의 남하를 기다렸기 때문이라는 분석이 있어요. 일본은 1945년 2월, 소련이 극동의 군비를 증강한다는 징후를 포착했는데, 1945년 5월에 스탈린이 만주·한반도에 근거지를 확보해서 태평양으로 진출하려 할 것이고, 결국 미국과 충돌할 것이라는 보고를 받았거든요.

　종전 전략을 수립한 해군 소장 다카기 소키치의 1945년 3월 보고서 초안에는 "미국과 소련 간의 대립을 이용해 소련을 개입시켜 미국의 야심을 견제한다"라는 내용이 들어 있어요. "미국이 승전하면 중국 북부, 만주, 한반도를 지배하려 할 것이고, 미국의 아시아 단독 지배를 소련은 저지하려 할 것이다. 소련의 견제를 미국 혼자서 대응할 수 없다고 판단될 때 미국은 일본의 역할을 인정할 것이다. 이는 일본이 미국의 지원을 받아 다시 아시아에서 지위를 확보할 수 있는 길"이라고 다카기는 분석합니다.

　이후 일본은 전략적으로 패전 계획에 돌입하죠. 일본 관동군은 만주를 포기하고, 한반도에서는 주로 남쪽에 병력을 집중해서 미국을 방어하죠. 결국 소련군은 큰 저항을 받지 않고 한반도와 사할린, 쿠릴열도로 진군해요. 1945년 8월 8일, 참전을 선언한 소련은 총 한 방 쏘지 않고 함경북도 웅기에 상륙하고, 8월 13일에는 함경북도 청진으로 진격하죠. 그때까지 미국은 한반도에 진주하지도 못했으니 소련이 한반도 전체를 점령할 수 있었어요. 미국은 부랴부랴 한반도의 38선 분할안을 작성했고, 8월 13일 트루먼이 이를 승인하고 다음 날 스탈린도 동의하죠.

　한반도의 분할이 결정된 8월 14일, 일본은 항복했습니다. 중일전쟁과 제2차 세계대전 초기에 일본의 총리를 지낸 고노에 후미마로는 "소련 참전은 신이 준 선물"이라고 말했어요. 일본은 항복을 미뤄 핵폭탄을 맞았지만, 소련이 동아시아에 개입하면서 일본이 원하던 지정학적 구도가 형성됩니다.

영원한 친구도, 영원한 적도 없다

21세기 대한민국의 1인당 GDP를 1만 달러에서 3만 달러 이상으로 올려준 1등 공신은 어딜까요? 중국입니다. 당시 중국이 빠르게 성장하면서 대한민국은 중국의 값싼 노동력을 활용했고, 부유해진 중국인에게 상품을 팔았거든요.

그렇다면 2025년 대한민국의 경제에 가장 큰 위협이 되는 나라는 어딜까요? 역시 중국이에요. 중국의 산업 구조가 우리나라와 비슷해서 대부분의 산업에서 중국과 경쟁해야 하죠. 만약 중국이 대만을 침공한다면 미국도 동북아에서 직·간접적으로 전쟁을 치를 테고, 미국의 동맹국인 한국과 일본도 자연스럽게 엮일 테니까요.

'냉전의 지정학'에서 일본은 한국의 휴전선을 방파제 삼아 동북아에서 자신의 입지를 회복했어요. 물론 한국도 냉전을 지렛대 삼아 경제 성장에 성공하죠. 그리고 '탈냉전의 지정학'에서 한국은 중국을 지렛대 삼아 경제적으로 일본을 추격했어요. 그리고 미국과 중국의 갈등으로 촉발된 '신냉전의 지정학'에서 한국과 일본은 또 다른 갈림길에 섰습니다.

일본은 동북아시아에서 미국의 대리자가 되길 바랍니다. 중국 덕분에 성장하고 중국 때문에 위기에 놓인 한국은 아직 미국과 중국 사이에서 고민하고 있고요.

한국과 일본의 인문지리
땅이 들려주는 역사 이야기

땅의 이름만 봐도 그 땅의 역사를 알 수 있습니다. 이번 기회에 우리나라 지명의 유래를 살펴보죠. 그리고 일본의 주요 지방에 얽힌 이야기도 함께 알아봅시다.

지명으로 보는 한국사

지명과 역사의 관계

서울 도심에 있는 '을지로'는 어떻게 그 이름이 붙었을까요? 을지로의 이름은 을지문덕 장군에게서 따왔습니다. 1882년 구식 군대가 반란을 일으켰을 때(임오군란), 청나라 군대가 이를 진압하는데, 이 사건으로 조선에 파견된 청나라 관리가 을지로에 거주하기 시작했고 한국 최초의 차이나타운이 형성돼요. 광복 이후 지명을 한국식으로 바꿀 때 이 도로에 을지문덕 장군의 이름을 붙이기로 한 것은, 살수대첩에서 수나라 대군을 물리친 을지문덕 장군처럼 중국인의 기세를 누르고 싶었던 거죠.

이렇듯 땅의 이름만 봐도 그 땅에 얽힌 역사를 알 수 있어요. 각 지역의 중심지인 특별시와 광역시의 이름을 바탕으로 우리나라의 지리와 역사를 알아볼까요?

대한민국의 상징

수도 서울은 대체 불가능한 위상을 지니고 있어요. "대한민국은 서울 공화국"이라는 말이 있을 정도죠. '서울'은 순우리말로, '한 나라의 수도'를 가리키는 일반명사이기도 합니다. "영국의 서울은 런던"이라거나 "일본의 서울은 도쿄"라고 할 수 있는 거죠. 이 말은 우리 역사에 등장하는 국가의 수도가 자연스럽게 변형된 것으로 봅니다. 신라의 수도는 서라벌(서벌), 고구려의 수도는 졸본(솔본), 백제의 수도는 사비(소부리), 발해의 수도는 솔빈, 고려의 수도는 송악(솔벌)으로, 발음이 비슷하죠. 이런 단어들이 오랜 세월을 거쳐 '서울'이 됐다고 하네요.

　서울의 대표적인 옛 이름은 한양漢陽입니다. 신라 경덕왕 때 붙은 이름이니 1,300년 정도 됐네요. 한강의 북쪽에 있어서 붙은 이름인데, 한자 문화권에선 강의 북쪽을 양陽, 남쪽을 음陰으로 불렀어요. 강가에 있는 북쪽 제방에는 햇볕이 잘 들고, 남쪽 제방에는 그늘이 지기 때문이죠. 중국의 옛 수도인 뤄양(낙양)도 낙수의 북쪽에 있어서 붙은 이름이에요.

지명의 하극상

부산의 지명은 독특합니다. 지역 일부를 가리켰던 지명이 지역 전체를 가리키는 지명이 됐거든요. 원래 부산 지역을 가리키는 말은 '동래東萊'였고, 조선시대 거상 중 하나인 내상萊商도 여기서 유래했습니다. 부산은 '가마솥 모양의 산'이라는 의미인데, 동구 좌천동에 있는 증산, 혹은 동구 범일동에 있는 자성대를 가리키는 말이었다고 해요. 보통은 '부산포'라고, 동래 남부의 항구 동네를 일컬었죠.

그러다가 19세기 후반 부산의 입지가 커져요. 1876년 일본과 맺은 강화도조약 직후에 부산포가 가장 먼저 열렸거든요. 부산이 개항되면서 동래 지역의 중심지가 됐고, 1910년에는 동래부가 부산부로 이름이 바뀌죠. 동래군은 부산항 이외의 지역이었지만, 부산에 편입·흡수되면서 현재는 부산광역시의 동래구로 축소됐어요. 개항과 일제강점기를 겪지 않았다면 부산시가 아니라 동래시가 될 뻔했죠.

항구도시 부산은 일제강점기에 빠르게 성장하며 영남권 제1의 도시이자, 서울, 평양에 이어 한반도 제3의 도시로 성장합니다.

원조의 도시

대한민국의 관문 인천은 백제 시절에는 미추홀이라고 불렸습니다. '미'는 물 또는 소금, 홀忽은 성城과 마을이라는 뜻이라고 합니다. '바닷가에 있는 물 많은 고을'이라는 의미이지 않을까 싶어요.

지금의 이름은 고려시대부터 불리기 시작했어요. 인천을 본관으로 하는 경원 이씨가 고려시대에 일곱 명의 왕비를 배출하면서 소성현이라는 작은 마을이 인주仁州로 승격됐죠. 이자겸의 난을 일으킨 이자겸이 경원 이씨, 인주 이씨입니다. 조선 태종 때 크지 않은 도시들의 이름에서 주州를 빼라는 지시가 내려지자, 지금의 인천이 됐고요. 이웃한 금주衿州도 금천衿川으로, 과주果州도 과천果川으로 바뀌었죠.

　인천도 개항 이후 급격히 발전해요. 수도 한양과 가까운 인천의 제물포항이 개항되면서 서양의 근대 문물을 가장 먼저 받아들였기 때문이죠. 그래서 인천에는 국내 최초라는 타이틀을 가진 분야가 많아요. 축구와 야구를 가장 먼저 시작한 도시가 인천이고, 대한민국 최초의 철도인 경인선, 최초의 고속도로인 경인고속도로도 있어요. 중국 산둥 지역에서 건너온 인부들이 간단하게 끼니를 해결하려고 춘장에 국수를 비벼 먹으면서 처음 짜장면이 생긴 것도 인천이고요. 청나라 조계지를 중심으로 짜장면을 파는 중국 음식점들이 생겼는데, 그게 차이나타운의 시작이죠.

철도가 바꾼 위상

대구광역시는 달구벌 등으로 불렸습니다. 삼국시대가 본격화되기 전, 진한의 소국인 달구벌국이 대구 지역에 있었기 때문이에요. '높다, 크다'의 의미를 지닌 옛 우리말 '달'과 '벌'판이 합쳐졌다는 분석이 유력하죠. 신라의 닭 숭배 때문에 '닭의 벌판'에서 유래했다는 주장도 있답니다.

　그러다가 통일신라 때 한자 표현인 대구가 쓰이기 시작했어요. 대구는 현재 경상북도의 중심 도시지만, 조선시대에는 경주, 상주, 진주에 밀렸습니다. 그러나 조선시대 말기에 경부선 철도가 개통되면서 발전하기 시작해요. 경부선 철도가 지나고 낙동강 수운도 활용할 수 있어서, 대구는 영남 북부의 중심으로 성장하죠. 반대로 기존의 중심지였던 경주, 상주, 진주는 경부선이 지나가지 않아 쇠락해요.

충청권의 대표 도시 대전도 비슷합니다. 대전大田은 한자로 '넓고 큰 밭'이라는 의미인데, 조선시대 대전리는 공주군, 회덕군 등에 속한 작은 마을이었어요. 그러다가 1905년 경부선이 개통되면서 상황이 달라진 거죠. 경부선은 당시 충청권 중심 도시인 공주나 청주가 아니라 대전을 지났거든요. '넓고 큰 밭'이라 역과 철도를 건설하기 좋았기 때문이에요. 공주는 산이 많아 땅이 좁고, 청주는 소백산맥을 지나야 해서 평평한 대전리에 대전역이 설치되고, 여기에 서울과 목포를 잇는 호남선이 대전을 지나가면서 대전은 한반도의 물류 중심지로 개발됩니다.

광주가 호남의 대표 도시가 된 건 우연과 필연이 겹쳤기 때문이에요. 무진주, 무주 등으로 불렸던 이 도시는 고려시대 때 불교의 영향을 받아 '빛고을' 광주라는 이름을 얻었어요. 전라남도에선 영산강 유역의 광주와 나주가 역사적으로 경쟁 구도였는데, 고려시대부터 나주가 중심지가 돼요. 나주는 나주평야의 중심지였고 서남 해안과 영산강을 활용한 수운 요충지였거든요.

그런데 조선시대 말기인 1896년, 양반들이 많았던 나주에서 의병이 봉기하면서 나주 군수가 죽는 사건이 일어나요. 이때 관찰사였

땅의 이름만 봐도 그 역사를 알 수 있어요. 각 지역의 중심지인 특별시와 광역시의 이름은 우리나라의 역사를 담고 있죠.

던 윤웅렬이 상대적으로 안전한 광주로 거처를 옮기면서 자연스럽게 전라남도청이 광주에 들어섰고, 이후 광주는 호남선과 경전선이 교차하면서 전남을 넘어 호남권의 중심 도시로 성장하죠.

2,000년 역사의 지명

울산은 광역시치곤 대도시로 올라선 역사가 짧은 편입니다. 1962년에야 울산시로 승격했고, 1997년에 울산광역시로 승격했죠. 박정희 정부 시절에 공업지구로 지정되고 대단위 공업단지가 들어서면서 빠르게 성장했어요.

그러나 울산이라는 지명은 2,000년의 전통을 자랑합니다. 이는 삼국시대가 정립되기 전 진한에 있던 소국인 우시산국에서 유래했다고 해요. 고대 향찰식 표기로 ㄹ 발음을 尸로 표기한 사례가 있어서, 고대에 울모이 등으로 불렸다고 해요. '뫼'는 산을 뜻하는 순우리말로, 울산(울뫼)이라는 지명은 2,000년 동안 지속된 셈이에요. 울뫼는 신라 석탈해 이사금 때 신라에 정복당하고, 서라벌(경주)의 외항이 되죠.

일본사의 라이벌, 간사이와 간토

우동 하면 간사이, 소바 하면 간토

도쿄부터 오사카까지는 '메갈로폴리스Megalopolis'라고 불리는데, 메갈로폴리스는 여러 개의 대도시 권역(메트로폴리탄)이 연결된 것을 말해요. 대표적인 메갈로폴리스는 보스턴부터 뉴욕, 필라델피아, 볼

간사이와 간토는 오랜 라이벌입니다. 전통적인 면 요리부터 사투리나 사람들의 분위기까지, 각 지역의 역사를 담고 있기도 하고요.

티모어, 워싱턴DC까지 이어진 미국 북동부예요. 도쿄부터 나고야, 오사카를 잇는 480km 길이의 '도카이도 회랑'에도 일본의 중심 도시가 모여 있죠.

도쿄와 오사카, 간토와 간사이 사이엔 묘한 지역감정이 있습니다. 면 요리에서도 두 지방은 차이가 나죠. 간사이는 우동이 유명하고, 간토는 소바가 유명하다는 이야기도 있죠. 간사이 지방에서는 밀이 잘 나고, 간토 지방에서는 메밀이 잘 자라긴 합니다.

밀가루로 만드는 오코노미야키와 다코야키는 간사이인 오사카에서 탄생했죠. 밀가루는 아시아에서 귀한 식자재여서, 밀가루로 만든 우동도 원래 교토에 있는 귀족층만 먹는 음식이었어요. 제2차 세계대전이 끝나고 미국에서 밀가루 원조가 들어오면서 우동이 보편화된 거죠.

'소바'라는 일본어 단어는 원래 '메밀'을 뜻해요. 역사시대 이전부터 일본 사람들은 메밀을 많이 먹었어요. 다만 찰기가 없어서 에도 시대 전까지는 물에 끓여서 죽의 형태로 먹었죠. 그러다가 에도 시대에 한국과 중국에서 제면 기술이 도입되면서 메밀면을 만들어 먹기 시작했어요. 그러면서 도쿄 서민들이 노점에서 편하게 먹던 소바가 간토 지방을 대표하는 소울 푸드가 됐죠.

일본 역사의 수도권, 간사이

간사이와 간토는 관문의 동서라는 뜻인데, 지리적으로는 관문을 사이에 두고 붙어 있지 않아요. 간토와 간사이 사이에는 주부 지방이 있거든요. 사실 간사이와 간토는 같은 시기에 생긴 지명이 아니기 때문이에요. 하코네箱根에 있는 관문의 동쪽 지방이라는 뜻에서 간토라는 지명이 먼저 붙었어요. 그런데 이 지역이 에도 막부 시대에 중심지가 되면서 간토와 대칭되는 간사이라는 명칭이 나중에 생겨난 걸로 보입니다.

간사이 지방을 전통적으로는 기나이畿内, 긴키近畿라고 불렀어요. 이는 수도권을 뜻하는데, 일본사 내내 간사이 지방은 일본의 중심지 역할을 했기 때문이죠. 가마쿠라, 무로마치, 에도 등 막부가 교체되며 군사적, 정치적 거점은 바뀌어도 덴노는 계속 간사이의 교토에 있었거든요. 그래서 간사이는 역사와 문화, 일본 정신의 중심지라는 자부심이 강하죠. 국보와 중요 문화재의 약 60%, 인간문화재의 약 30%가 간사이 지방에 있다고 해요.

2,000년 가까이 수도권의 항구 역할을 한 오사카는 일본의 대표적인 상업·경제 도시로, 도쿄와 요코하마에 이은 일본 제3의 도시예요. 요코하마가 도쿄 권역이라는 걸 감안하면, 사실상 일본 제2의 도시인 셈이죠.

간사이 지방은 '게이한신京阪神 권역'이라고도 불리는데, 교토京都, 오사카大阪, 고베神戸에서 한 글자를 따온 지명입니다.

도쿄가 일본의 수도가 된 이유는

역사적으로 간사이에서는 간토 사람을 '아즈마에비스', 즉 '동쪽의 오랑캐東夷'라고 불렀어요. 간사이에서 간토 지방을 얼마나 무시했는지 알 만하죠.

하지만 17세기부터 상황이 역전됩니다. 일본 최대의 혼란기인 센고쿠시대를 마무리 지은 도쿠가와 이에야스의 근거지가 도쿄(에도)였거든요. 도쿠가와 이에야스가 거점으로 삼기 전, 바닷가인 도쿄는 뻘밭이었어요. 그러나 1590년 도쿠가와 이에야스가 도쿄에 자리를 잡고 도시를 만들죠. 바닷가인 도쿄가 저지대라 침수 피해가 잦아서, 수로를 건설하고 기반부터 차근차근 건설해갑니다. 도쿠가와 이에야스의 도시 계획은 3대째에 완성됐어요. 그 와중에 도쿠가와 이에야스가 일본을 통일하고 1603년 에도 막부를 엽니다. 쇼군이 있던 도쿄는 자연스럽게 행정의 중심지가 되어 성장했고요.

역설적이지만 도쿄가 일본의 수도로 굳어진 건 에도 막부가 무너지고 나서예요. 메이지 유신이 진행되면서 수도를 이전하자는 논의가 활발히 진행돼요. 에도 막부는 도쿄에 있었지만, 덴노는 그때까지도 교토에 있었거든요. 초기에는 상업·경제 도시인 오사카가 유력한 후보였지만, 교토의 귀족들이 "품격이 떨어지는 장사치들의 도시로 수도를 옮길 수 없다"라며 들고일어섭니다. 결국 "교토가 안 될 바엔 에도(도쿄)가 낫다"라는 식으로 도쿄를 밀죠. 막부에서 몰수한 재산도 많고 메이지 유신에 참여하지 않은 동부 세력을 통제할 수 있다는 장점도 있었기에, 결국 덴노와 조정은 교토를 떠나 도쿄에 정착했고 에도에서 도쿄로 이름을 바꾸죠.

감성적인 간사이 VS. 딱딱한 간토

일본은 이렇게 간사이와 간토라는 양극에서 성장해왔습니다. 그러다가 일본 경제가 도쿄 중심으로 급성장하면서 양극의 균형이 깨졌죠. 과거의 영광을 가진 간사이와 현재의 영광을 누리는 간토는 사람들의 성향이나 지역의 이미지도 대조적이에요. 간토 사투리(에도 벤)는 다소 건조하고 억양도 평이한데, 간사이 사투리(간사이벤)는 억양이 강합니다. 간토 사람들은 개인적, 이성적이라는 이미지라면, 간사이 사람들은 낙천적이고 감성적인 이미지죠. 특히 오사카 사람들은 지나가다 손가락 총을 쏘면 모두 쓰러지는 척하며 받아준다고 할 정도로, 유쾌하지만 시끌벅적하고 장난기가 많다는 이미지가 있어요. 반대로 교토 사람들은 겉과 속이 달라 음험하고, 겉으로는 좋은 말 같아도 속으로는 비꼰다는 이미지가 있죠.

이는 각 지역에서 살던 사람들의 계급과 직업이 그 지방 사람들의 성격과 말투에 영향을 미쳤기 때문이라는 분석이 있어요. 에도 막부의 수도였던 도쿄의 사투리는 막부의 무관들이 사용하던 말씨였고, 상업과 경제 활동이 활발했던 오사카의 사투리는 상인과 예능인의 말씨였으며, 귀족층과 문신이 많았던 교토의 사투는 조정 문신들이 쓰던 예스런 말투라는 거죠.

멀고도 가까운 이웃, 한국과 일본 챕터 정리

✷ 우리 조상들은 만주, 요동 등지에서 문명을 시작했지만 한반도에 정착하는 길을 택했습니다. 만주의 기후는 안정적으로 농사를 짓기엔 위험 부담이 있었고, 한족과 유목민의 틈바구니에 낀 만주와 요동은 우리 민족에 계륵과도 같았기 때문입니다.

✷ 지금까지도 이어지는 조선8도의 개념은 태백산맥과 소백산맥 등 한반도의 지리와 생활권을 바탕으로 생긴 것입니다. 근대 이후 항구와 철도가 개발되면서 부산, 인천, 대전 등의 도시가 지역 중심지로 부상했습니다.

✷ 일본열도는 화산·지질 활동으로 만들어졌습니다. 열도 한가운데 거대한 산맥이 흐르고 있어 지역 간 교류가 힘들었습니다. 그러나 간사이, 간토 등 넓고 비옥한 평원을 바탕으로 독자적인 문화를 형성해왔습니다.

✷ 동아시아의 끝에 있는 섬나라 일본은 한반도를 통해 선진 문물을 수용했습니다. 그러나 서구 열강이 침략한 근대 이후로 일본의 지정학적 단점이 장점으로 바뀌면서 한반도와 경쟁하는 사이가 됐습니다.

CHAPTER 3.

동서양의 스승, 남아시아와 중앙유라시아

―――

관용의 종교인 불교가 탄생한 남아시아에선 왜 종교 분쟁이 끊이질 않을까요?
실크로드 무역을 주도했던 중앙아시아는 왜 강대국들의 침략을 받았을까요?

남아시아와 중앙유라시아의 자연지리
히말라야의 영향력

남아시아는 유럽보다 작은데 인구수는 유럽을 훌쩍 뛰어넘는 이유는 무엇일까요? 왜 유목민들은 중앙유라시아에서 활동했을까요? 히말라야산맥으로 대표되는 이 지역의 지도를 살펴봅시다.

유럽보다 작은 곳에 18억 명이 몰려 사는 이유

인도아대륙

남아시아는 역삼각형 모양으로 생긴 거대한 반도입니다. 하지만 이 지역을 반도라고 부르진 않아요. 남아시아는 인도아대륙이라고 하는데, '버금 아亞' 자를 써서 '대륙에 버금가는 지역'이라고 이해하면 됩니다.

인도아대륙(남아시아)의 면적은 약 440만km²로, 우랄산맥 서쪽의 유럽(540만km²)보다 조금 작아요. 하지만 세계 인구의 4분의 1, 즉 약 18억 명이 모여 살고 있죠. 이곳보다 큰 유럽의 인구가 8억 명도 안 되는 것을 생각하면 엄청난 수예요.

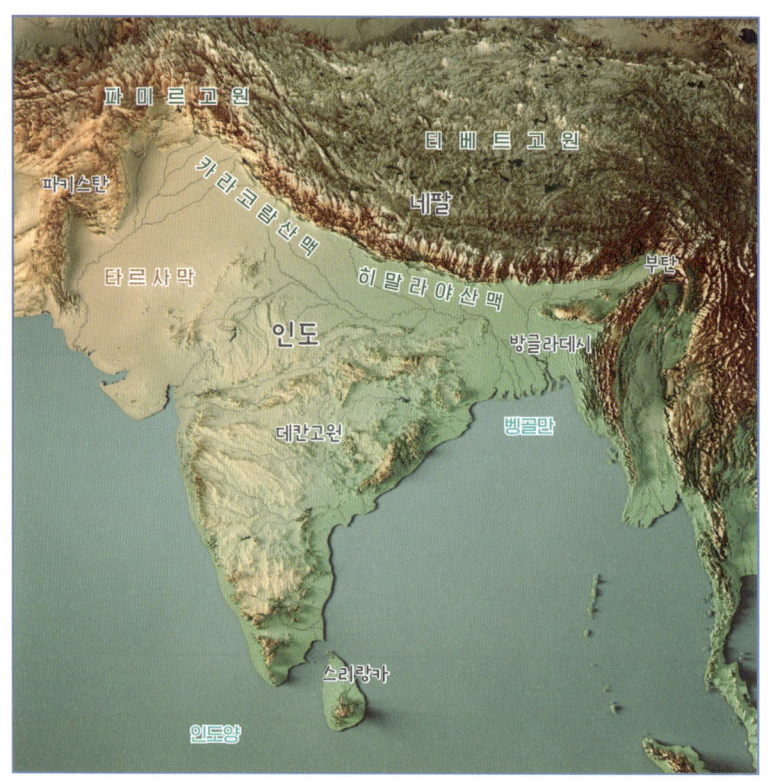

남아시아 지리의 가장 큰 특징은 히말라야산맥으로, 다른 지역과의 교류를 막아 그들만의 고유한 역사와 문화를 만들게 했어요.

인도아대륙이라고 해서 인도만 있는 건 아니고, 파키스탄, 방글라데시, 네팔, 부탄, 스리랑카, 몰디브가 남아시아에 속하죠. 이 나라들은 서아시아(중동), 동남아시아, 동북아시아와는 다른 역사와 문화, 정체성을 갖고 있어요.

히말라야 지붕 아래

남아시아가 다른 지역과 구분되는 가장 큰 지형적 특징은 히말라야산맥이에요. 남아시아는 원래 거대한 섬이었는데, 약 5천만 년 전에 유라시아대륙과 부딪혔고 그 충돌로 만들어진 게 '세계의 지붕'인 히말라야산맥이라고 해요. 근처에 있는 카라코람산맥, 힌두쿠시산맥, 티베트고원 등도 히말라야산맥이 형성되며 만들어졌죠. 지구에서 가장 높은 에베레스트산도 히말라야산맥에 있어요. 조산 활동이 활발해 히말라야산맥은 지금도 자란다는 이야기가 있을 정도예요.

사람이 살기 힘든 지역이라 그나마 골짜기에 사람이 모여 살아요. 해발고도 1,340m에 있는 카트만두계곡과 해발고도 1,580m의 카슈미르계곡이 대표적이죠. 계곡의 해발고도도 상상을 초월하죠? 참고로 우리나라 태백산 정상이 1,567m, 오대산 정상이 1,563m입니다.

인도 북부에 있는 카슈미르 지역은 영토 분쟁 지역이에요. 중국, 남아시아, 중앙유라시아를 연결하는 전략적 요충지인 데다, 남아시아를 대표하는 인더스강과 갠지스강이 발원지로 수자원의 요충지이기도 합니다. 겨울철에 많이 입는 캐시미어의 어원이 바로 카슈미르예요. 이 지방에서 사는 염소, 산양의 연한 털로 만든 직물이 유명해지면서 캐시미어라는 보통명사가 됐죠.

카트만두계곡에는 부처님의 고향인 네팔이 있어요. 중국과 인도 사이에 있어서 엄청 작아 보이지만, 면적이 14만km²로 북한(약 12만km²)보다 크고, 인구도 3천만 명이나 됩니다. 인종적, 문화적으로 인도 70~80%, 티베트 20~30%의 영향을 받았어요.

　네팔 동쪽에 있는 부탄은 우리나라 경상도보다 조금 더 큰 수준이에요. 부탄은 지리적으론 남아시아지만, 인종적, 문화적으론 티베트의 영향을 많이 받았죠. 부탄이란 이름의 유래가 '티베트의 끝'이란 고대 인도어에서 왔다는 설도 있어요. 히말라야산맥 동쪽에 있는 아라칸·파트카이산맥은 인도아대륙과 동남아시아(미얀마)의 자연적인 경계 역할을 합니다.

파키스탄의 인더스, 방글라데시의 브라마푸트라

높은 산맥이 있으면 물길이 시작하는 강도 많아요. 서쪽 아라비아해로 흐르는 인더스강, 동쪽 벵골만으로 흐르는 갠지스강과 브라마푸트라강은 모두 히말라야산맥과 티베트고원에서 발원합니다.
　인더스강은 고대 인더스 문명의 발상지로, 현재는 이슬람 국가인 파키스탄에서 흐르죠. 인더스강의 가장 대표적인 평원은 인더스강 중류의 펀자브평원으로, 고대 페르시아어로 '5개의 강'이라는 뜻이라고 합니다. 이곳에 파키스탄 인구 절반 이상인 1억 1천만 명이 살죠. 역사 기간 대부분 하나의 나라였지만, 현재는 인도와 파키스탄으로 나뉘었어요.

　인더스강 동쪽에 있는 라자스탄 지역에는 타르사막도 있어요. 이는 인도사막이라고도 불립니다. 미국과 멕시코에 걸쳐진 치와와·소노라사막처럼, 인도와 파키스탄의 자연적인 국경 역할을 하죠.

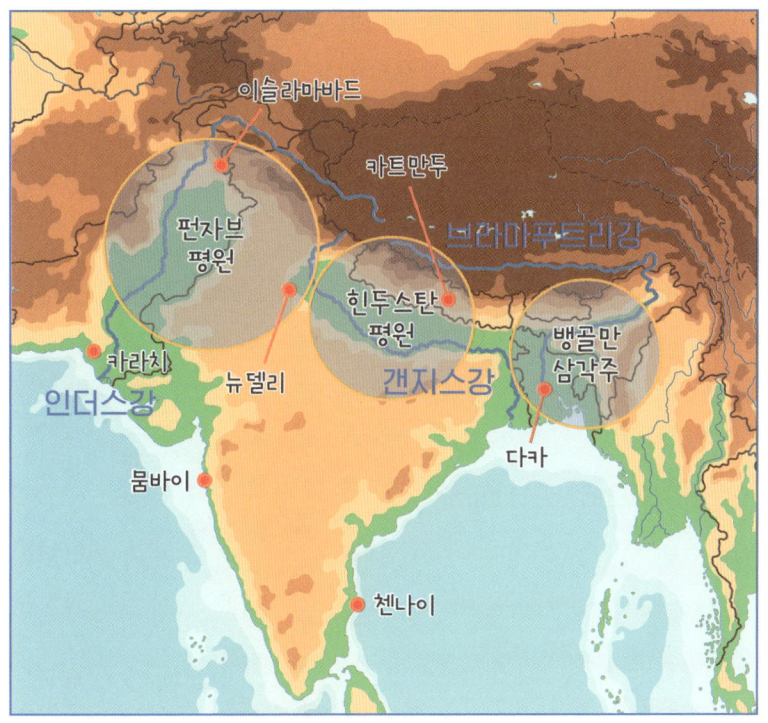

히말라야산맥에서 시작한 인더스강과 갠지스강, 브라마푸트라강은 남아시아를 비옥하게 해줍니다.

타르사막은 파키스탄의 발루치스탄사막으로 이어지고, 아라비아-사하라사막까지 사막지대를 형성해요. 그러나 타르사막은 전 세계 사막 중에서 인구 밀도가 가장 높다고 하죠.

브라마푸트라강은 주로 티베트에서 흐르지만, 하류가 갠지스강과 만나 거대한 갠지스강 삼각주(벵골만 삼각주)를 형성해요. 세계적인 곡창지대라, 벵골만 삼각주에 있는 방글라데시의 면적은 네팔과 비슷하지만 1억 7천만 명이나 살아요. 벵골만 삼각주는 방글라데시인에게는 축복이자 저주인데, 농사가 잘돼서 인구는 늘어나지만 저지대라 큰 홍수가 자주 일어나기 때문이에요. 홍수가 크게 일어나면 수재민이 2천만 명씩 생긴대요.

벵골 지방의 대표적인 도시는 영국령 인도제국의 수도 콜카타입니다. 벵골 지방은 원래 하나의 지역이었는데, 현재 동벵골은 이슬람 국가 방글라데시, 서벵골은 힌두교 국가 인도의 영토가 됐죠.

갠지스의 델리, 해안가의 뭄바이

인도인의 젖줄은 갠지스강으로 정신적인 고향 같은 곳입니다. 인도인들은 갠지스강에서 목욕도 하고, 사람이 죽으면 시체를 화장해 갠지스강에 뿌려주기도 하죠.

이곳은 남아시아 최고의 곡창지대이기도 해요. 갠지스강 중류에는 힌두스탄평원(인도대평원)이 있죠. 이 지역의 우타르프라데시주에 2억 3천만 명이 살아요. 우타르프라데시주가 독립하면 세계 5위의 인구 대국이 될 정도죠. 그래서 많은 세력이 힌두스탄평원을 차지하려 역사적으로 애썼어요.

현재 인도의 수도 델리는 힌두스탄평원에 있어요. 인도 근세를 연 무굴제국의 황제 샤 자한이 1683년 새로운 제국의 수도를 건설하는데, 지금의 올드old 델리에요. 그리고 20세기 영국이 식민지로 삼은 인도에 새로운 수도를 건설한 게 뉴new 델리죠. 현재 올드델리와 뉴델리는 델리 수도 연방 구역으로 묶여요. 델리에만 약 2천만 명, 인근 위성도시까지 합치면 약 5천만 명이 산다고 해요. 최근 델리 권역의 경제 규모가 인도에서 1등을 차지했다지만, 힌두스탄 지방은 전반적으로 가난한 편이죠. 곡창지대이긴 하지만 산업과 무역 발전은 더디거든요.

남아시아에선 해안 지역의 무역 거점 도시가 부유해요. 인도공화국의 수도는 북인도의 뉴델리지만, 인도와 남아시아의 최대 도시는 남인도 해안의 뭄바이로 인도의 산업, 금융의 중심지예요. '발리우드'라는 인도 영화 산업의 중심도 이곳이죠. 포르투갈이 지배했던 고아, 인도 자동차 산업의 중심지인 첸나이 등의 도시도 해안 지역에 있어요.

파키스탄의 수도는 인더스강 중상류의 계획도시 이슬라마바드이지만, 파키스탄의 최대 도시는 해안 도시인 카라치예요. 독립 당시 수도였던 카라치는 이슬라마바드에 정치·행정 기능을 넘겨줬지만, 여전히 경제 수도의 역할을 하죠.

남쪽의 고원과 섬

남아시아의 고원은 히말라야만 있는 게 아닙니다. 인도 남부에는 데칸고원이 있는데, 히말라야산맥보다 더 오래된 고원이에요. 6,600만 년 전부터 30만 년 동안 용암이 폭발해서 만들어진 지대로, 데칸고원 북쪽의 빈디아산맥과 나르마다강이 남인도와 북인도를 나누죠.

인도아대륙 가운데에 고원이 있어서 북인도와 남인도는 역사 기간의 상당 부분을 따로 지냈습니다. 북인도 주민들은 대부분 인도·유럽계지만, 남인도에는 원주민의 후손인 드라비다계가 많고요.

데칸고원 서쪽엔 서고츠산맥, 동쪽엔 동고츠산맥이 해안과 나란히 흘러가죠. 서고츠산맥이 조금 더 높고 바닷가에 붙어 있어요. 동고츠산맥은 상대적으로 낮고 해안과 거리도 있어서, 동고츠산맥과 벵골만 사이에 해안평야가 펼쳐집니다. 남동 해안에 있는 차티스가르, 오디샤, 텔랑가나, 안드라프라데시, 타밀나두는 쌀 생산량 면에서 인도의 상위권을 차지해요. 그러니까 남아시아는 동서남북에 곡창지대가 있는 셈이죠. 덕분에 인도의 쌀 생산량은 약 2억 톤(2021년 기준)으로, 전 세계 생산량의 24.8%를 차지합니다. 바나나·파파야·레몬·면화·땅콩 생산량은 전 세계 2위, 밀·감자·사탕수수 생산량은 전 세계 2위입니다. 남아시아에 인구가 왜 이리 많은지 알겠죠?

세계사를 수놓았던 유목민들의 지도

먼 옛날 쿠팡과 아마존

호모사피엔스는 자신이 처한 자연환경에 맞게 살았어요. 그래서 어떤 이들은 한곳에 정착해 농사를 짓는 농경사회를, 어떤 이들은 이동하며 목축하는 유목사회를 형성했죠.

유목은 '일정한 거처를 정하지 않고 물과 풀밭을 찾아 옮겨 다니면서 가축을 키우는 삶'이란 뜻이에요. 보통 유목사회는 농사를 짓기 힘든, 척박한 지역에서 발달했습니다. 척박한 땅에서 하루하루 생존을 위해 살아가던 유목민은 농경민들에겐 항상 두려운 존재였어요. 생존이 절박했고 전투력을 지닌 유목민은 농경민들과 교류하거나 약탈하며 부족한 걸 얻었거든요.

16세기 이후로 대항해시대가 펼쳐지면서, 육상 무역의 중요도가 떨어지고 전쟁의 양상도 총, 포, 전차 등이 등장했어요. 그러면서 유목민의 시대는 역사의 뒤안길로 사라졌죠. 역사 서술도 농경민 중심으로 이뤄지며 유목민의 역사는 왜곡되기도 했고요. 그러나 존재조차 몰랐던 세상을 연결하고 문화와 기술을 전달한 건, 다른 이들은 가지 못했던 길을 개척한 유목민이었어요. 그들은 과거 유라시아대륙의 육상 무역을 책임진, 먼 옛날의 쿠팡이었고 아마존이었습니다.

그들이 살던 지역의 상당 부분은 현재 러시아와 중국의 영토입니다. 그래서 카자흐스탄, 키르기스스탄, 우즈베키스탄, 투르크메니스탄, 타지키스탄, 아프가니스탄 등 국명에 '스탄'이 들어가는 나라들이 있는 지역을 따로 떼서 중앙아시아라고 부르기도 해요. 그러나 중앙아시아를 유목지대의 전부라 할 수는 없어요. 유목지대는 서쪽으론 우크라이나평원부터 동쪽으론 만주까지, 북쪽으론 남시베리아부터 남쪽으론 티베트고원까지로 볼 수 있거든요. 학계에선 이 지역을 중앙유라시아라고 따로 부르는데, 유럽과 아시아를 합친 유라시아대륙의 중앙에 있는 지역이라는 뜻이겠죠. 스키타이부터 흉노제국, 몽골제국과 튀르크제국이 뛰놀던 유목민들의 지도를 함께 살펴볼까요?

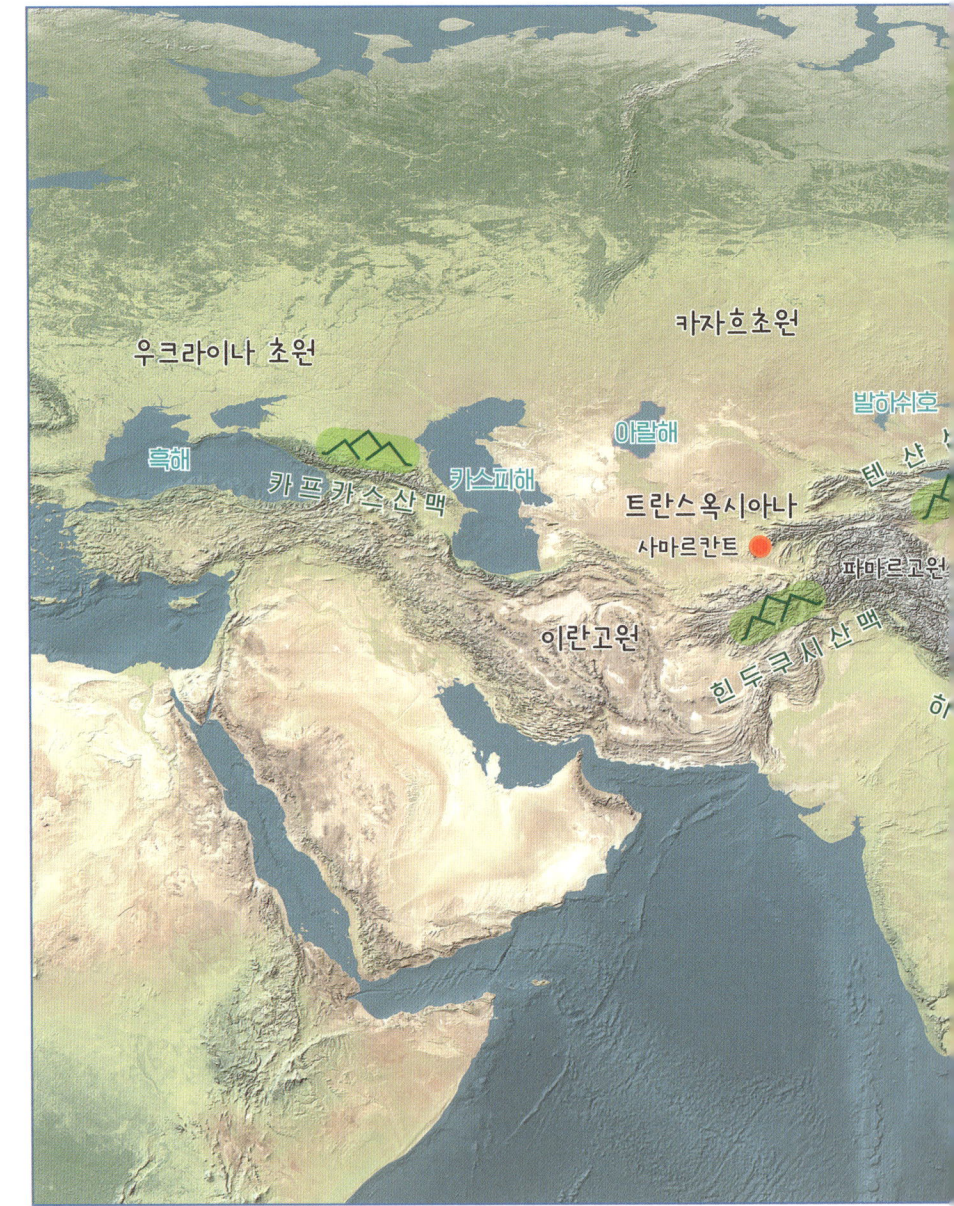

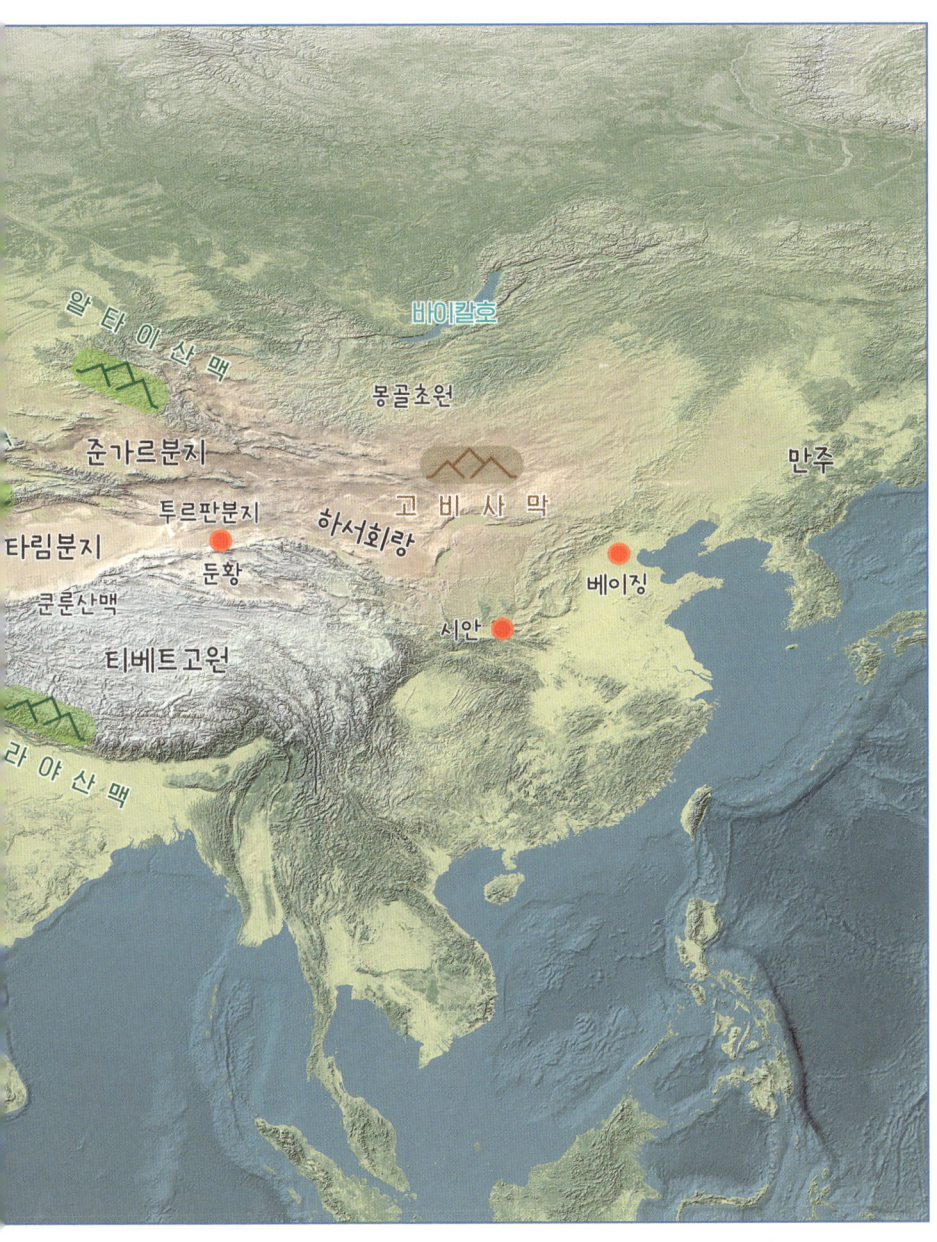

히말라야산맥 때문에 건조해진 중앙유라시아에서는 농사보다는 유목이 발달했습니다.

히말라야의 나비 효과

중앙유라시아를 남과 북으로 구분하면 남(동)쪽의 고지대와 북(서)쪽의 저지대로 나뉩니다. 북쪽 저지대는 다시 북쪽의 초원지대, 중부의 평원과 사막지대로 구분됩니다.

남쪽이 높은 이유는 히말라야산맥이 형성된 이유와 같아요. 5천만 년 전쯤 유라시아 지각판과 인도 지각판이 충돌하면서 중앙유라시아 남부에 거대한 고원지대가 형성됐기 때문이죠. 히말라야산맥, 파미르고원, 톈산산맥, 쿤룬산맥, 힌두쿠시산맥 등의 고원지대가 아시아의 농경지대와 유목지대의 경계선 역할을 합니다. 고원지대 남쪽은 강도 있고 비도 많이 내려서 농사짓기 좋은 평원이 형성돼요. 서아시아의 메소포타미아 문명, 남아시아의 인더스-갠지스 문명, 동아시아의 황하 문명이 히말라야산맥의 나비 효과로 꽃핀 겁니다.

반대로 고원지대 북쪽은 산맥이 가로막고 있어서 비가 내리지 않고 건조한 기후예요. 그래서 고원지대 바로 북쪽 저지대에는 사막이 많은데, 카라쿰사막, 키질쿰사막, 타클라마칸사막, 고비사막 등이 있죠.

고원지대 북쪽에도 강이 흐릅니다. 강과 함께 형성된 작은 평원에 정주민이 모이면서 중앙유라시아의 거점 역할을 하죠. 그곳을 오아시스(분지 평원)라고 하는데, 대표적인 곳이 우즈베키스탄의 사마르칸트예요.

사막과 분지를 지나 북쪽으로 올라가면 강수량이 조금 늘면서 작은 풀이 자라기 시작해요. 스텝이라고 부르는 초원지대가 펼쳐지죠. 중앙유라시아의 초원은 동서로 6,000km가 넘는다고 해요.

오아시스의 땅

중앙유라시아는 동서로도 나눌 수 있어요. 동부의 해발고도가 더 높고, 서부는 평원이 많습니다. 인도와 유라시아 지각판의 충돌하기 전에 몽골고원이 만들어졌기 때문이죠. 파미르고원, 톈산산맥, 알타이산맥이 동서 구분의 기준이 돼요.

중앙유라시아 서부 지역은 상대적으로 단순합니다. 남쪽의 오아시스 지역과 북쪽의 초원(스텝) 지역으로 구분돼요. 물론 이곳에도 카라쿰사막, 키질쿰사막 등 사막이 있지만 더 유명한 건 강과 호수예요.

오아시스 지역에는 쌍둥이 같은 아무다리야강과 시르다리야강이 파미르고원에서 아랄해로 흐릅니다. 중앙유라시아에서 보기 힘든 비옥한 토양을 갖고 있죠. 이 두 강 사이에 부하라, 사마르칸트 같은 동서양 교역의 거점도시들이 밀집해 있어요. 아무다리야강을 고대 서양에서는 옥수스강Oxus이라고 불렀는데, 오아시스 지역을 서양에서는 '옥수스강 너머의 땅'이라는 뜻에서 '트란스옥시아나'라고 했어요. 현재도 이 지역은 세계에서 손에 꼽히는 면화 재배지죠.

오아시스 지역과 초원 지역 사이에는 큰 호수들이 있습니다. 파미르고원과 시베리아에서 물길이 시작한 강이 바다까지 가지 못하고 호수를 형성한 거죠. 세계에서 가장 큰 호수인 카스피해도 카라쿰산맥 너머에 있어요. 카스피해는 지질학적으로 호수가 맞지만, 워낙 큰 데다 유전을 둘러싼 영유권 분쟁 때문에 바다로 규정합니다. 아무다리야, 시르다리야가 흐르는 아랄해, 톈산산맥에서 흐르는 강들이 모이는 발하슈호도 현재보다 훨씬 컸는데, 과도한 개발과 사막화 때문에 물이 마르고 있죠. 특히 아랄해는 세 개의 작은 호수로 쪼개져 최근에는 사라질 위기에 처했어요. 그래서 중앙아시아의 나라들은 고지대에 있는 키르기스스탄과 타지키스탄이 댐을 지을까 경계합니다.

북쪽의 초원지대에는 카자흐스탄이 있는 카자흐초원과 우크라이나 남부에 있는 우크라이나(남러시아)초원이 있습니다. 인도유럽어족의 조상들이 흑해와 카스피해 북부 초원에서 살던 가장 오래된 유목민족으로 추정되고, 고대 스키타이인들도 카자흐·우크라이나초원이 주무대였죠. 불가리아인의 조상으로 불리는 불가르족은 볼가강 인근에서, 헝가리인의 조상 마자르족은 우랄강 인근에서 유럽으로 왔어요. 이곳의 유목민족들이 서쪽으로 이동할 때 두 가지 선택지가 있었는데, 아무다리야강을 건너 이란과 서아시아로 가거나, 카자흐~우크라이나평원을 지나 유럽으로 가는 것이었어요. 첫 번째 선택지를 택한 게 튀르크인들이고, 두 번째 선택지를 택한 게 고대의 훈족이죠.

초원길과 비단길
중앙유라시아 동부 지대는 네 권역으로 나뉩니다. 동쪽부터 만주,

몽골초원(몽골고원), 비단길, 비단길 남쪽의 티베트예요. 몽골초원은 현재 몽골과 중국으로 나뉘어 있고, 다른 권역은 모두 중국의 영토입니다. 참고로 몽골초원 북쪽은 시베리아예요. 타이가라는 침엽수림 지대와 툰드라라는 극지방이 있어요. 이곳엔 수렵민들이 살지만, 초원에서 말을 타고 다니는 유목민들과는 달라요.

몽골초원 서쪽 끝에는 거대한 알타이산맥이 흐르고, 이어 항가이산맥과 헨티산맥이 몽골초원을 남북으로 나눕니다. 산맥이 연이어 흐르는 북부가 남부보다 더 높지만, 산지에서 흐르는 셀렝가강, 오르콘강, 툴라강 등이 북부를 상대적으로 더 풍요롭게 해요. 몽골제국의 초기 수도였던 카라코룸, 현재 몽골의 수도인 울란바토르도 항가이산맥 북쪽에 있어요.

몽골의 강들은 '시베리아의 진주'라 불리는 바이칼호수로 흐릅니다. 세계에서 가장 오래되고 가장 깊은 호수예요. 몽골초원과 시베리아의 자연 경계이자, 유목민족 마음의 고향 같은 곳이죠. 중국 한나라 무제 때 흉노족을 공격한 곽거병 장군이 바이칼호수 근처까지 왔다고 해요. 자주 나오는 '북해빙궁'의 북해가 바이칼호수를 모티브로 삼고 있죠.

만주부터 몽골초원을 지나 카자흐~우크라이나초원까지는 유목민족들이 말을 타고 다니던 유라시아 스텝입니다. 국제 무역로로 보면 '초원길'로, 이곳을 이용해 유목민들이 유라시아 교역을 주도했죠. 유목 제국의 힘은 단순히 전투력만이 아니라 무역로를 독점한 데서 비롯했어요.

　유목민의 무역로 독점을 깨려고 한족과 오아시스인들이 만든 게 비단길입니다. 중국 한나라 무제 때 반흉노 동맹국을 찾으려고 떠난 장건이 개척한 무역로죠. 유목민들이 있던 스텝(초원) 지대 남쪽의 사막과 오아시스 지역을 활용해 무역로를 만드는데, 지금의 하서회랑과 신장위구르 자치구, 우즈베키스탄을 지나죠. 19세기 독일의 지리학자 페르디난트 폰 리히트호펜이 중국에서 중앙아시아, 인도로 이어지는 무역로의 주요 교역품이 비단인 걸 발견하고 '비단길(실크로드)'이라고 이름 지었습니다.

남아시아와 중앙유라시아의 역사
민족과 종교의 교차로

남아시아와 중앙유라시아는 유라시아대륙의 가운데에 있습니다. 수많은 민족이 이곳을 거쳐 갔기에 이곳의 역사는 복잡하기만 합니다. 중앙유라시아를 활보하던 유목민족의 계보, 남아시아에서 탄생하고 유행한 종교의 역사를 중심으로 맥을 잡아보겠습니다.

계보와 혈통으로 보는 유목사

우리는 그들과 다릅니다

유목민족과 그들의 역사를 바라볼 때 "우리는 그들과 다르다"라는 점을 고려해야 합니다. 우리 조상은 농사를 짓던 정착민이라, 한곳에 정착해 역사를 기록했고 조상과 뿌리에 관심이 많았죠. 그래서 문화와 정체성을 기반으로 한 민족 개념이 익숙하게 마련입니다. 그러나 유목민들은 정주민이 되지 않으면 역사적으로 하나의 민족을 이루기 어려워요. 그래서 대부분 씨족 단위의 정체성을 지니죠. 우리가 알고 있는 유명한 유목 제국의 이름도 대부분 씨족이나 부족의 이름에서 비롯된 겁니다. 한 씨족이 거대한 제국을 만들면, 그

지역	카자흐~우크라이나 초원西	몽골초원中		만주東	티베트南
	아리아인(코카소이드) ↓　↓　↓ 유럽인 이란인 인도인 스키타이 파르티아 ※흉노…>훈족 ※돌궐…>튀르크 ※몽골…>타타르인	흉노 돌궐 (위구르) 몽골 (티무르) 오이라트 준가르	요하 동호 선비 거란	퉁구스계 숙신 읍루 ⋮ 물길 말갈 ⋮ 여진 ⋮ 만주	견융 강족 토번 (탕구트)
		청나라			

표 3 유목민들의 계보

각 지역에서 발흥했던 유목민들의 흐름인데, 이런 민족이 있었다는 정도로만 이해하면 됩니다.

에 속한 다른 씨족도 그 이름으로 불렸죠. 흉노가 쇠퇴하고 선비에게 주도권을 빼앗기자, 흉노인은 스스로를 선비인이라고 불렀다고 해요. 그러니까 유목인들의 명칭은 정치적인 거예요.

드넓은 지역을 이동하며 수많은 사람과 혼혈한 유목민들의 혈통과 계보는 찾기도 어렵고, 굳이 찾을 필요도 없겠죠. 역사와 혈통을 따지기 좋아하는 정착민들의 잣대일 뿐이죠. 하지만 역사책 이곳저곳에서 튀어나오는 유목민들의 이름은 혼란스럽습니다. 그래서 역사책을 조금 더 쉽게 볼 수 있도록, 유목민의 계보와 혈통을 나눠보았습니다. 물론 지금의 연구는 추정 단계라 추가 발견이 있다면 언제든지 바뀔 수 있습니다. 학자마다 해석이 다르다는 한계도 있고요.

코카소이드의 후손들

고고학 연구로 밝혀진 인류 역사상 최초의 유목민은 서부 초원의 아리아인입니다. 코카소이드라고도 불리며 유럽·인도·이란인의 조상이죠. 초기 아리아인들은 기원전 3500년경까지 카프카스산맥 북쪽에 있다가 그 후로 분화되기 시작합니다. 이때 서쪽(유럽)으로 이동한 게 현재 유럽인의 조상이 되고, 남은 이들은 인도인과 이란인의 조상이 됩니다.

인도와 이란의 조상은 기원전 2000년경 분화됩니다. 먼저 인도로 떠난 이는 인도인의 조상이 되고, 이란계 아리아인도 이란으로 넘어갑니다. 그래서인지 서부 초원에서 활동하던 유목민들은 혈통적으로 이란인에 가장 가깝다고 해요. 대표적인 초기 유목민이 스키타이인인데, 스키타이와 페르시아가 전쟁을 많이 했다는 역사적 서술이 많아서 스키타이가 페르시아계라고 하면 이해되지 않을 수도 있어요. 혈통적으로는 가깝지만 '정주민 제국' 대 '유목 제국'으로 갈등한 셈이죠. 이후 등장하는 파르티아도 페르시아계 유목민들이 세운 나라예요. 참고로 신장위구르 자치구(타림분지)까지 간 이들도 있다고 해요. 가장 동쪽으로 간 코카소이드계 유목민은 토하라인으로, 한때 몽골고원을 두고 흉노와 다투기도 했죠.

몽골초원의 정복자들

몽골초원을 호령한 초기 유목민은 흉노입니다. 한족이 안정적인 제국을 경영하기 전, 흉노는 정주민인 한족을 압도했습니다.

    흉노에게 지배받았지만, 흉노가 쇠퇴하면서 새롭게 초원의 강자로 뛰어오른 게 선비족입니다. 중국 한나라가 멸망하고 혼란기를 겪다가 선비족, 흉노족 등 다섯 유목민(5호)이 북중국에 들어와서 여러 나라를 세운 시기가 5호16국시대예요. 이들은 수나라-당나라 시대를 거치면서 한족에게 동화되는데, 당나라 황실 자체가 선비족 계통이에요.

    이후 초원에서는 유연이 유목 제국을 세워요. 유연은 선비족의 일파였지만 북중국으로 가지 않고 초원에 남아요. 기록에 따르면 유연에서 처음으로 수장의 칭호를 '칸/한汗'으로 사용했다고 합니다. 그러다가 자신들에게 복속돼 있던 돌궐의 반란으로 멸망하죠.

    돌궐은 6~8세기에 몽골초원과 중앙아시아 무역로를 장악하며 돌궐제국으로 성장합니다. 중국의 남북조시대부터 당나라 때까지 중국을 괴롭히죠. 돌궐은 내분으로 망하는데, 8~9세기 당나라와 대결한 위구르제국도 돌궐계로 봅니다.

    돌궐이 쇠퇴하면서 후손들이 서쪽으로 이주한 후, 서쪽의 이란·유럽·아랍인과 혼혈하고 종교적으로도 점차 이슬람화되면서 튀르크인으로 불리기 시작해요. 11~12세기 이란부터 아나톨리아반도를 지배한 셀주크제국, 중동에 노예(맘루크)로 끌려왔다가 왕조를 세운 이집트의 맘루크 왕조도 지배층은 튀르크계가 세운 나라죠.

돌궐계가 조금 약해진 틈을 타서 요하강에서 유목하던 거란이 힘을 기릅니다. 10~11세기 동부 유목지대를 장악하고 북중국에 요나라를 세우기도 해요. 만주에서 여진이라 불리던 부족들도 통합해 12세기에는 금나라를 세우고 요나라와 북중국을 정복하죠.

그러나 13~14세기에 역사상 최고이자 최악의 정복 제국인 몽골이 유목 세계는 물론 유라시아대륙 대부분을 정복합니다. 200년이 안 돼 몽골제국은 무너지지만, 유라시아대륙 각지에서는 몽골제국의 후예를 자처하는 나라가 일어서죠. 대표적인 나라가 티무르제국입니다.

15세기 이후 유라시아대륙 각지에서 몽골제국의 직간접적인 영향을 받은 유목민들이 많은 나라를 세워요. 튀르크인들이 세운 중동의 오스만제국, 이란의 사파비제국, 티무르제국의 후손이 세운 인도의 무굴제국, 만주족이 세운 중국의 청제국은 몽골제국의 조직화 방식을 따르면서도 정주민들의 화약 무기를 받아들여서 근세 화약 제국, 또는 마지막 유목 제국이라고 불립니다.

이후 냉병기에서 열병기로 무기가 바뀌면서 유목민은 전쟁에서 우위에 서지 못하죠. 결국 유목민 대부분은 정주민과 동화되면서 초원에는 극소수의 유목민만 남았고, 유목 제국은 역사의 뒤안길로 사라졌어요.

만주와 티베트의 사람들

만주에 사는 사람들은 온전한 유목민이라기보다는 농사도 짓고 목축도 하고 수렵도 했어요. 만주에 있던 사람들은 보통 예맥계와 퉁구스계로 나뉘는데, 예맥계는 한민족의 조상으로 부여, 고구려, 동예와 옥저, 발해 등으로 이어져 농경 생활을 선택합니다.

퉁구스계는 고대까지 예맥계의 영향력 아래 있었습니다. 이들을 숙신, 읍루, 물길이라 부르기도 했죠. 고대에는 고구려와 발해에 있던 말갈족, 중세에는 여진, 근세에는 만주족이라고 불렸어요. 물론 '숙신=읍루=물길=말갈=여진=만주'의 등호가 완벽하게 성립되지는 않지만요. 만주와 연해주에 살던, 상대적으로 덜 문명화된 이들을 묶어서 불렀던 이름이라고 보면 됩니다.

티베트인은 한족과 조상이 같다고 합니다. 황하 등 농경 지역에 정착한 게 지금의 한족이고 티베트고원에서 유목 생활을 한 게 티베트인입니다. 중국 상고시대에 상나라와 주나라를 괴롭힌 견융이 티베트계일 거라는 분석이 있어요. 견융이 주나라를 침입해 주나라가 동쪽으로 천도하며 춘추전국시대가 시작되죠. 《삼국지》에도 나오고, 5호16국시대의 5호에 해당하는 강족도 티베트계로 추정됩니다. 현재 중국의 간쑤성, 칭하이성, 산시성 일부가 범티베트 지역으로, 당나라를 괴롭혔던 토번도 티베트계죠. 7~13세기에 간쑤성, 칭하이성 지방에 있던 탕구트인도 티베트계 강족의 한 갈래라고 보는데, 탕구트인이 10세기경 세운 나라가 서하입니다. 물론 이 나라도 몽골제국에 의해 멸망되고 이후 티베트인들은 티베트고원을 중심으로 살아갑니다. 이후 만주족의 청나라에 병합되죠.

유목민의 역사에서 청나라는 의미가 큽니다. 청나라는 한족의 명나라만 정복한 제국이 아니라, 중국 본토는 물론 만주와 몽골초원, 티베트고원 등 동부의 유목지대를 모두 정복한 제국이기 때문이죠.

종교로 보는 남아시아사

힌두교와 불교

이슬람교도가 가장 많이 사는 나라를 다섯 군데 꼽으면 아랍, 중동 국가는 하나도 들어가지 못합니다. 무슬림 인구 상위 5개국은 인도, 인도네시아, 파키스탄, 방글라데시, 나이지리아로, 남아시아 3개국이 5위권에 들어가죠. 물론 인도는 힌두교도가 다수를 차지하는 나라지만, 인구 자체가 많아서 인도에만 이슬람이 2억 명 가까이 삽니다. 파키스탄에도 2억 명 정도 있고, 방글라데시에는 1억 5천만 명 정도의 무슬림이 살죠. 남아시아 세 나라의 이슬람교도만 합쳐도 5억 명이 넘습니다. '인도는 힌두교 국가'라는 문장에 숨겨진 진실입니다.

반대로 불교는 남아시아에서 탄생했는데도 교세가 약합니다. 인도 인구의 0.8%, 남아시아 전체 인구의 1.8%만 불교도예요. 이상하지 않나요? 세계 3대 종교로 불리는 불교는 인도에서 태어났는데, 남아시아에서는 자취를 거의 감췄어요. 세계 종교 불교는 왜 고향인 인도에서 사라졌을까요?

남아시아의 역사는 복잡합니다. 한가운데 데칸고원이 있어서 지역 전체를 아우르는 제국이 적고, 지방 국가들도 많이 등장합니다. 기록도 별로 없습니다. 내세와 사후 세계를 중시해서 현세의 기록을 남기지 않는다고 해요. 자료는 암송하거나 구전한다고 합니다. 그런데 종교를 통해 이곳의 역사를 바라보면 이해하기 쉬워집니다.

정복자의 종교

남아시아에서 가장 많은 사람이 믿는 종교는 힌두교입니다. 13억 신자 중 대부분은 인도에 있지만, 기독교와 이슬람교에 이어 세계에서 세 번째로 믿는 사람이 많죠.

 힌두교는 고대 인도에서 생겨난 브라만교가 발전한 종교예요. 브라만교는 정복을 정당화하고자 만들어졌어요. 지금으로부터 5,000년 전에 남아시아의 원주민 드라비아인이 인더스강 문명을 꽃피우지만, 기원전 1500년경 아리아인들이 힌두쿠시산맥을 넘어 인더스강 중상류에 침입합니다. 아리아인의 침입으로 원주민 드라비다인 일부는 북인도에서 지배당하거나 데칸고원 이남의 남인도로 이주합니다. 아리아인들은 기원전 1000년경 갠지스강 유역으로 터전을 확장하죠. 원주민을 정복한 인도의 아리아인은 신분 제도에 기반한 종교를 만드는데, 그것이 카스트 제도를 바탕으로 한 브라만교예요. 낮은 신분의 사람은 전생에 지은 업보 때문으로, 이번 생에 착한 일을 많이 하면 다음 생에 좋은 신분으로 태어날 수 있다는 게 기본 교리예요. 윤회, 업보, 해탈, 열반 등의 개념과 세계관은 브라만교를 바탕으로 만들어지고, 이후에 나타난 불교, 자이나교, 힌두교, 시크교 등은 이 세계관을 어떻게 받아들이고 해석하는지에 따라 갈립니다.

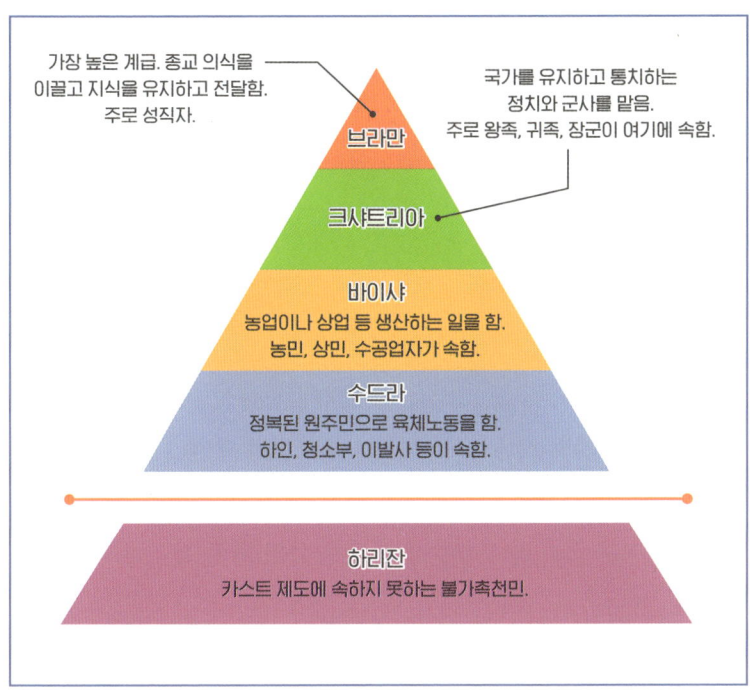

표 4 카스트 제도

불교의 세대교체

하지만 신분 제도에는 항상 불만이 따르기 마련이죠. 농업 생산력이 높아지면서 제2·3계급인 크샤트리아와 바이샤가 불만을 가졌고, 결국 기원전 6세기경에 자유주의적이고 개인적이고 현세적인 종교개혁이 일어납니다. 이때 불교와 자이나교가 창시돼요. 불교를 창시한 고타마 싯다르타, 자이나교를 창시한 마하비라(바르다마나) 모두 크샤트리아 출신이에요.

불교는 엄격한 신분 질서인 카스트 제도를 부정하고 평등을 강조하죠. 누구든 해탈할 수 있고, 다시 태어나기보다는 이번 생에 해탈하라는 가르침을 전파해요. 그 덕분에 지지하는 사람이 늘어나면서 고대 인도의 국교가 되고, 세계종교로 발전합니다.

　남아시아 최초의 통일 제국인 마우리아 왕조의 3대 황제 아소카 대왕은 불교에 심취해서 정치적으로도 지원해줍니다. 쿠샨 왕조의 5대 왕인 카니슈카 1세는 불교를 대중화하고 대승불교를 부흥시키죠. 당시 그리스와 중동 지방을 정복하던 알렉산더 대왕이 인도 북서부 펀자브 지방까지 진출하며 그리스 문화와 불교가 만납니다. 곱슬머리 부처님상은 그리스 문화에 영향을 받은 간다라 양식이에요. 그리고 불상과 함께 대승불교가 중국을 거쳐 동북아시아에 전파되죠.

불교가 인도에서 사라진 이유

하지만 달도 차면 기운다고, 기득권이 되니 불교가 변하기 시작해요.
　첫 번째, 불교가 어려워집니다. 어느샌가 민중이 믿고 따르기보다는 출가자들이 연구하는 학문이 된 거죠.
　두 번째, 기득권들이 불교를 불편해하기 시작해요. 크샤트리아 계급이 주류가 되자, 신분 제도를 반대하고 평등을 가르치는 불교가 불편해진 거죠.
　세 번째, 오랫동안 불교에 주도권을 빼앗겼던 브라만교가 힌두교로 업데이트해서 나타납니다. 힌두Hindū는 인더스강의 산스크리트어인 '신두Sindhu'에서 유래했어요. '인도'랑 어원이 같죠. 자연신을 섬기는 브라만교를 어려워하자, 힌두교에선 신을 사람처럼 인격화하고 창조신 브라흐마, 유지신 비슈누, 파괴신 시바 등 최고신을 만들어요. 그리고 결혼식, 장례식 등 기념일을 챙겨주며 생활 밀착형으로 나아갑니다. 나중엔 부처, 미륵보살, 관음보살 등도 힌두교에서 흡수합니다. 실제로 쿠샨 왕조가 멸망하고 북인도의 패권을 잡은 굽타 왕조에선 불교가 쇠퇴하고 힌두교가 성장하기 시작해요.

네 번째, 평등을 강조한 불교의 자리를 이슬람이 대체하기 시작합니다. 현재 남아시아에서 무슬림이 많은 지역은 중세까지 불교가 융성했던 지역이라고 해요. 현재 파키스탄이 있는 인더스강 유역은 대승불교를 부흥시켰던 쿠샨 왕조가 발흥했던 곳이고요. 그리고 인도에서 마지막까지 불교 왕조가 유지됐던 팔라-세나 왕조는 갠지스강 하류, 지금의 방글라데시 지역에 있었어요. 결국 10세기부터 불교는 서서히 이슬람교로 대체되기 시작하죠.

그러다가 11~12세기에 이슬람 세력이 본격적으로 인도아대륙을 침공하기 시작합니다. 당시 이슬람 왕조들은 불교 사원을 파괴하고 승려를 죽였고, 불교는 절멸하죠. 특히 1203년 구르 왕조는 북인도 최대의 사원 비크라마실라 사원을 파괴하고 8,000명이 넘는 승려를 몰살해요. 그래서 1203년을 '인도 불교 멸망의 해'라고도 합니다. 신분 제도를 비판하고 평등을 외쳤던 붓다의 가르침은 어려운 학문으로 변하면서 힌두교에 흡수되고, 이슬람교에 일격을 맞고 인도에서 자취를 감춥니다.

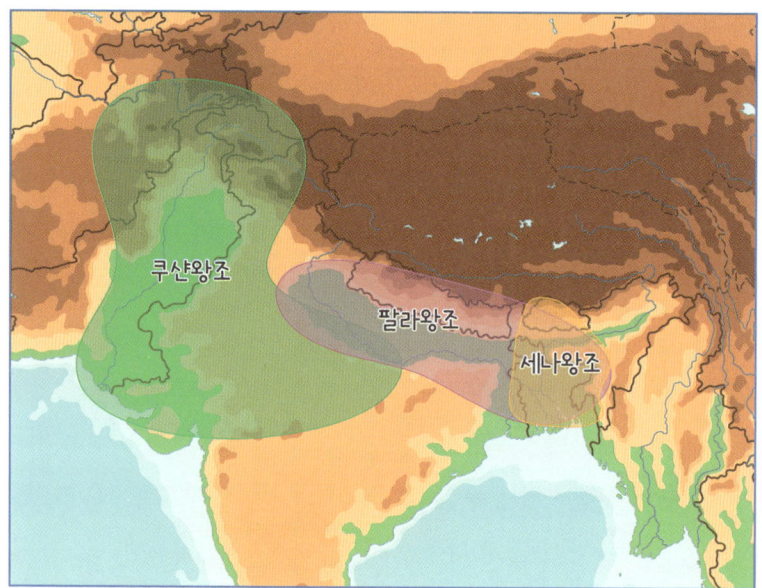

남아시아에서 융성했던 불교는 이슬람교로 대체되고, 불교를 믿던 지역은 현재 이슬람 국가인 파키스탄과 방글라데시가 되었어요.

힌두교와 이슬람교의 공존

이슬람교는 어떻게 남아시아 전역에 퍼졌을까요? 인도의 마지막 제국인 무굴제국 때문이죠. '무굴'은 페르시아어로 '몽골'을 가리켜요. 몽골제국의 후예를 자처한 바부르가 힌두쿠시산맥을 넘고 델리를 점령한 후 1526년에 무굴제국을 세웁니다. 하지만 바부르는 남아시아보다 자신의 고향인 중앙아시아의 패권에 관심이 더 많았어요.

무굴제국이 인도에 뿌리를 내리기 시작한 건 3대 황제 악바르 대제(재위 1556~1605) 시대부터였습니다. 악바르 대제는 인구 대부분을 차지하는 힌두교도를 회유하지 않으면 인도를 지배할 수 없다고 생각했죠. 그래서 유력한 힌두교도 부족 출신의 왕비를 맞이하고 힌두교도에 대한 차별적인 세금을 없애요. 힌두교도와 우호적인 관계를 유지한 무굴제국은 인도 전역으로 영토를 확장했고, 이슬람도 인도에 자연스럽게 뿌리내릴 수 있었어요. 이런 기조는 후대의 황제까지 이어져요. 덕분에 이슬람과 페르시아와 힌두문화가 융합되고, 무굴제국 시대의 최고 건축물인 타지마할도 악바르 황제의 손자인 샤 자한 때 지어집니다.

무굴제국의 전성기는 8대 황제 아우랑제브 때까지 이어져요. 이때 인도아대륙 대부분을 정복해요. 그러나 신실한 이슬람교도였던 아우랑제브는 종교 정책의 기조를 바꿔 인도 전체를 이슬람화하고 이교도를 탄압하죠. 정복 활동으로 부족해진 재정은 종교세로 메우려 했는데, 결국 힌두교도들의 불만이 커지고 각지에서 반란이 일어나면서 제국은 혼란에 휩싸였어요.

무굴제국이 종교적 관용을 유지했다면 역사는 어떻게 흘렀을까요? 영국과 서구 열강에 무기력하게 침탈당하거나, 세 나라로 분리되며 수많은 학살극을 벌이는 일은 피할 수 있었을지도 모르죠.

남아시아와 중앙유라시아의 인문지리
분쟁이 끊이지 않는 이유

남아시아와 중앙유라시아에 그어진 국경선은 오래되지 않았습니다. 그들을 지배했던 강대국이 마음대로 그어놓은 국경선이죠. 지금도 분쟁이 끊이지 않는 이 지역의 속사정을 알아봅시다.

인도와 파키스탄은 어쩌다 핵까지 개발했을까

한 나라였던 세 나라

인도와 파키스탄은 매일 한일전을 방불케 하는 행사를 진행해요. 인도 북부 암리차르와 파키스탄 라호르 사이의 국경 검문소에선 국기 하강식을 치르는데, 국기 하강식에선 양국 군인이 화려한 옷을 차려입고 과장된 몸동작으로 묘기를 부립니다. 양국 국민과 관광객은 이를 지켜보며 열광하죠.

오랫동안 한 나라였던 인도와 파키스탄은 분리독립 이후 수많은 분쟁을 겪었고, 서로를 견제하려 핵까지 개발했어요. 파키스탄과 같이 독립했던 방글라데시는 파키스탄과 독립전쟁을 벌인 후 떨어져 나왔고요. 영국에 지배받던 인도와 파키스탄, 방글라데시는 어쩌다가 세 나라로 분리돼 으르렁거릴까요?

영국의 이이제이

"세계사에서 이상한 일이 일어났을 때, 그 원인으로 영국을 찍으면 대충 맞다."

역사를 좋아하는 사람이라면 한 번쯤 들어봤을 문장입니다. 무굴제국이 혼란에 빠진 18세기 후반에 인도를 장악하고 싶었던 영국은 인도에서 세력을 넓혀갔고, 1877년 무굴제국을 무너뜨린 후 영국령 인도제국이라는 이름으로 식민화합니다.

그러나 대영제국도 인도를 직접 지배하는 것은 불가능했어요. 미얀마까지 합친 영국령 인도제국의 최대 면적은 약 500만km²로, 현재 영국 영토(약 24만km²)의 20배가 넘거든요. 그래서 영국 정부는 인도의 크고 작은 번왕국을 인정해주죠. 번왕국은 아랍권에 있는 에미리트(토후국)처럼 반독립 제후국, 지방 군주 같은 개념입니다. 번왕국은 인도에 562개가 있었고, 전체 면적의 45%를 차지했어요.

영국은 인도의 단결을 막으려고 서로 다른 민족과 종교를 교묘하게 이간질해요. 이이제이以夷制夷 전략이죠. 대표적인 사례가 벵골 분할령인데, 1903년 행정 편의를 도모한다는 명분 아래 반영 운동이 활발한 벵골만 지역을 힌두교도 거주 지역과 이슬람교도 거주 지역으로 분리해 서벵골과 동벵골로 나눠서 통치하기로 한 거죠.

20세기 초 인도에서는 종교를 초월한 독립운동이 진행됐지만, 벵골 분할령으로 상징되는 영국의 이간질이 분열의 씨앗을 낳죠. 전

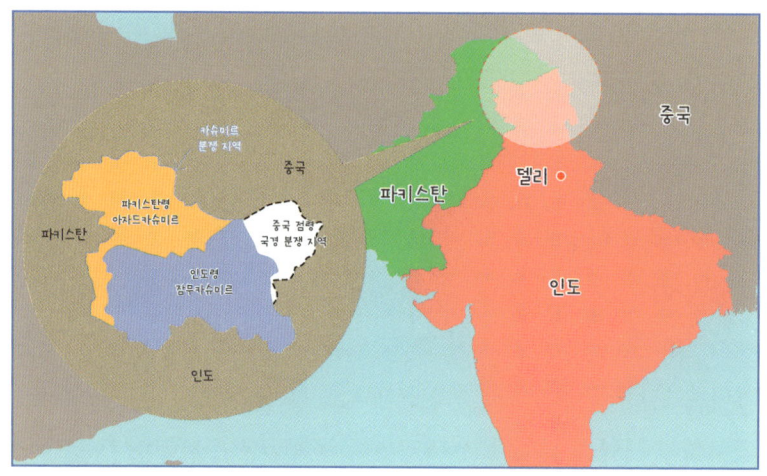

인도 북부에 있는 카슈미르 지역은 인도와 파키스탄, 중국이 다투는 영토 분쟁 지역이에요. 중국, 남아시아, 중앙유라시아를 연결하는 전략적 요충지인 데다, 인더스강과 갠지스강의 발원지로 수자원의 요충지이기도 합니다.

역에서 벵골 분할령에 반대하는 운동이 일어나서 결국 1911년에 철폐되지만, 이때부터 식민지 인도에서는 이슬람-힌두교 사이가 벌어졌죠. 그래서 학자들은 벵골 분할령이 인도와 파키스탄 분리독립의 원인이라고 여겨요.

도둑처럼 온 독립, 그리고 '지옥 열차'

전 세계의 식민지를 차근차근 섬세하게 독립시켰다면 영국이 욕을 먹을 이유는 없었겠죠. 하지만 제2차 세계대전이 끝나고 만신창이가 된 영국은 식민지에서 빠르게 철수합니다. 1947년 6월 3일, 영국의 하원 의사당에서 성명을 발표합니다. "영국은 인도에서 철수한다." 그로부터 73일 뒤인 8월 15일, 영국인들은 거짓말처럼 싹 떠나 버렸다고 합니다.

그 성명 하나로 인도와 파키스탄은 2개의 독립국으로 나눠지죠. 결국 수백만 명에 달하는 인도의 무슬림들이 파키스탄으로 몰려가고, 파키스탄의 힌두교도, 시크교도들도 반대편 국경으로 몰려들었습니다. 이 당시에 1,500만 명의 주민들이 자신이 살던 곳을 떠나 기차로 이동해야 했고, 이 과정에서 곳곳에서 폭동과 살육전이 벌어졌어요. 괴한들이 기차에 올라타 힌두교도인지 이슬람교도인지 심문하고, 종교가 다르면 강간하거나 살해했어요. 일부 사람들은 호신용으로 준비해둔 상대편 경전을 보여주며 살아남기도 했죠. 기차가 역에 서면 기차에 타고 있는 사람들이 역 주변 주민들에게 복수했어요. 결국 목적지에는 시체만 가득 실은 열차만 도착하고, 기차역 인근 마을도 시체로 가득 찼고요. 이 열차를 '지옥 열차'라고 부릅니다. 이 과정에서 20~100만 명이 사망했을 것으로 추정됩니다. 두 종교의 화합을 주장한 지도자 마하트마 간디도 이 소용돌이 속에서 암살당하죠. 그리고 군대라도 얼마간 잔류시켜 질서를 잡도록 도와달라던 인도와 파키스탄 양국의 탄원을 거절하고, 영국 정부는 이 사태를 방관합니다.

'카슈미르분쟁'과 핵 개발

독립 당시, 인도와 파키스탄의 쟁점은 번왕국 562개를 어떻게 처리하느냐였어요. 번왕국은 독립 과정에서 자신들이 귀속할 나라를 결정했고, 1951년에 번왕국 처리가 마무리됐어요.

문제는 북쪽의 산악지방 카슈미르였어요. 카슈미르는 한반도와 비슷한 면적(약 22만km^2)에 약 1,100만 명이 살고 있어요. 카슈미르의 군주 하리 싱은 힌두교도였지만, 주민 대다수(약 80%)는 이슬람교도였어요. 카슈미르의 번왕은 인도로 귀속하기로 결정했고, 무슬림 주민들은 폭동을 일으켰어요. 결국 제1차 인도-파키스탄전쟁(1947~1949)이 일어났고, 1949년 UN 결의로 정전 경계가 정해져서 남쪽은 인도 지배 지역, 북쪽은 파키스탄 지배 지역으로 나눕니다. 하지만 양측 모두 받아들이지 않아서 1965년과 1971년에 다시금 전쟁을 벌입니다. 1972년에 잠정적으로 경계선이 결정되긴 했지만, 카슈미르 분쟁은 현재진행형입니다.

특히 1998년에는 인도에서 정권을 잡은 힌두교 지상주의 정당이 지하 핵 실험을 다시 본격화했고, 파키스탄도 이슬람 국가 최초로 핵 실험을 하기 시작해요. 결국 두 나라는 현재 비공식적인 핵보유국으로 인정받은 상태입니다.

'방글라데시'의 분리
파키스탄은 독립 당시 인도를 사이에 두고 동서로 분리돼 있었어요. 독립 당시 서파키스탄이 현재의 파키스탄, 동파키스탄이 현재의 방글라데시입니다. 두 곳 모두 이슬람교도가 많아서 독립하는 김에 같이 한 거죠.

하지만 두 파키스탄은 종교가 같은 것 말고는 같은 면이 하나도 없었어요. 지리적으로 1,600km나 떨어져 있고 역사, 언어, 문화, 전통이 모두 달랐죠. 오롯이 힌두교 국가인 인도에 대한 불신과 증오 때문에 하나의 국가가 된 거예요. 한 나라 안에서도 지역 갈등이 있는데 떨어져 있는 지역은 오죽할까요.

파키스탄의 정치와 경제 모두 인구가 많은 서파키스탄이 관장했어요. 파키스탄 중앙정부가 서파키스탄의 이슬라마바드에 있었거든요. 파키스탄 중앙정부는 공무원 임용부터 방글라데시인을 차별했고, 동파키스탄에 서파키스탄의 예산의 40%만 배정해줍니다. 사실상 동파키스탄은 서파키스탄의 식민지나 다름없었다는 지적까

아프가니스탄 한가운데 힌두쿠시산맥이 흐릅니다. 서아시아와 동아시아, 중앙아시아와 남아시아를 가르는 경계선이자, 각 지역의 교차로 역할을 하죠.

지 나왔죠. 동파키스탄은 당연히 독립을 요구했고 파키스탄 정부는 거부하면서, 결국 1971년에 내전이 일어납니다. 파키스탄내전에는 인도도 참전했고, 이를 방글라데시 독립전쟁 또는 제3차 인도-파키스탄전쟁이라고 불러요. 인도의 지원을 받은 동파키스탄이 승리하면서 '벵골의 나라'를 의미하는 방글라데시라는 이름으로 독립하죠.

아프가니스탄의 계속되는 비극

복잡한 지리, 혈통, 민족

아프가니스탄의 역사와 현재를 알려면 힌두쿠시산맥을 이해해야 합니다. 산맥은 아프가니스탄 한가운데를 지나가고, 히말라야산맥만큼은 아니지만 높고 험준하거든요. 최고봉 티리치미르산(7,708m)을 비롯해 해발고도 7,000m가 넘는 산이 많죠. 사람들이 지나다니는 고개가 해발고도 3,000m 이상에 있어요. 티리치미르산 쪽에 있는 바로길고개가 해발 3,798m이고, 알렉산더 대왕이 인도 원정 갔을 때 이용했던 하와크고개가 3,543m입니다.

  힌두쿠시산맥은 문명의 경계선이자 교차로 역할을 했어요. 현재 아프가니스탄의 북쪽에는 중앙아시아와 중국의 신장위구르 자치구가 있고 서쪽에는 이란, 남쪽에는 파키스탄이 있어서, 중앙아시아, 남아시아, 중동이 만나는 경계선인 셈이죠. 경계선은 교차로 역할도 합니다. 고갯길을 통해 사람들은 교류했고, 강성해진 제국은 고갯길을 통해 다른 지역을 정복했어요. 아리아인이 인도를 갈 때,

알렉산더 대왕이 인도로 원정할 때 거쳐 간 곳이 힌두쿠시산맥이에요. 몽골제국이 중동을 정복할 때도, 무굴제국을 세운 바부르가 인도로 갈 때도 이곳을 지났습니다.

문명의 교차로답게 혈통도 복잡해요. 아프간의 주류 민족(약 42%)인 파슈툰인은 스키타이인, 알렉산더 시절의 그리스인, 쿠샨 왕조를 세운 토하라 쿠샨인, 튀르크계 일파인 에프탈인의 후손이라고 합니다. 힌두쿠시산맥을 지나다가 그곳에 정착한 이들이 한데 모여 산악 민족 파슈툰인이 된 거죠. 현재 국명인 아프가니스탄도 이란어로 '파슈툰인들의 땅'이라는 뜻입니다.

아프간의 다른 민족들도 복잡하죠. 아프간 인구의 약 27%를 이루는 타지크인은 서쪽 이란과 형제뻘인 페르시아계 사람들이고, 인구 9%의 하자라인은 몽골·튀르크·페르시아계가 혼혈을 이룬 것으로 추정됩니다. 북부에 있는 우즈벡인, 투르크멘인은 튀르크계로 분류되죠.

그레이트 게임과 나쁜 국경선

아프가니스탄의 비극은 19세기 바라크자이 왕조에서 시작돼요. 아프간은 러시아 남하를 막는다는 명분하에 영국과 세 차례의 전쟁을 겪었거든요.

러시아는 19세기 이후 꾸준하게 아프가니스탄 역사에 등장했어요. 18세기에 시베리아를 정복하고 근대화를 추진하면서 무시 못할 제국으로 성장했는데, 러시아에는 얼지 않는 항구, 부동항이 없었습니다. 그래서 오스만제국을 괴롭혀서 흑해 쪽 부동항을, 청나라를 괴롭혀서 연해주와 동해 쪽 부동항을, 중앙아시아를 삼켜서 아라비아해 쪽 부동항을 얻으려 했어요. 그런데 러시아의 남진 정책을 꾸준히 방해한 게 당시 초강대국 영국이었어요. 19세기에 벌어진, 바다를 향한 러시아의 야욕과 영국의 견제를 '그레이트 게임 Great Game'이라고 부릅니다.

인도의 무굴제국을 무너뜨린 영국이 러시아제국을 견제하려고 아프가니스탄을 침공한 거죠. 바라크자이 왕조는 결국 영국의 보호령이 됐지만, 영국은 파슈툰족의 게릴라 때문에 꽤 고전했습니다. 험준한 산악지대에서 게릴라전을 벌이니 아프간을 온전히 통치할 수 없었던 거죠. 결국 제1차 세계대전이 끝나고 1919년 아프가니스탄은 독립해요.

하지만 영국이 정한 국경선인 '듀랜드 라인'은 아프간 현대사에 해악을 끼쳐요. 국경선이 파슈툰족의 거주 지역을 가로지르는 바람에 하나의 민족 정체성을 지닌 파슈툰인들이 아프가니스탄과 파키스탄으로 나뉘었거든요. 아프간 주류 민족인 파슈툰족의 아프간 인구는 약 1,500만 명인데, 파키스탄에 사는 파슈툰족(약 3,300만 명)이 더 많아요. 물론 파키스탄의 주류 민족은 약 9,000만 명이나 되는 편자브인이에요. 영국의 잘못된 국경선 때문에 아프간과 파키스탄 내부에서도 민족 분쟁이 생기고, 양국 사이에도 분쟁이 일어납니다.

제국의 무덤

독립 이후의 아프가니스탄 왕국은 50여 년간은 평화로웠어요. 6대 왕인 모하마드 자히르 샤(재위 1933~1973)는 수도 카불을 중심으로 근대화를 추진하죠. 그러나 1973년 왕의 사촌이 공산주의 쿠데타를 일으켰고, 1978년에 또다시 쿠데타가 일어나면서 이슬람주의 반군 게릴라(무자헤딘)들이 들고일어나 내전이 벌어집니다.

1979년, 소련은 아프간을 침공하면서 내전에 개입해 수도 카불을 점령하고 친소련 정치인을 대통령으로 옹립해요. 그러나 소련의 지배를 거부한 무자헤딘들이 소련군을 공격하기 시작합니다. 그렇게 10년에 걸친 소련-아프가니스탄전쟁이 벌어지죠. 소련은 10년 동안 막대한 군비를 소진하지만, 산악 게릴라에게 고전하다가 결국 1989년에 철수해요.

'힌두쿠시'는 페르시아어로 '힌두인들의 무덤'이라는 뜻이에요. 인도대륙에서 잡힌 노예들을 중앙아시아로 나르다가 많이 죽어서 그런 이름이 붙여졌다고 하네요. 힌두쿠시산맥이 흐르는 아프가니스탄은 대영제국과 소련이 패퇴하면서 '제국의 무덤'으로 불렸어요. 소련-아프간전쟁은 소련 붕괴의 직접적인 계기로 꼽히기도 하죠.

이런 역사가 아프간에 미친 가장 큰 영향은 외세에 대한 반감이에요. 아프간 역사상 몇 안 되는 독립 왕조 중 하나인 바라크자이 왕조는 19세기 내내 영국에 괴롭힘을 당했고, 1970~1980년대에는 바깥세상에서 들어온 사상(공산주의)과 소련이 아프간을 괴롭혔죠. 그래서 아프간의 민심에는 지금도 외세에 대한 반감이 자리 잡고 있어요.

미국이 키운 반미

소련-아프간전쟁 때부터 미국이 아프간에 개입하기 시작해요. 미국과 소련 간 냉전을 영국과 러시아 간 '그레이트 게임'의 연장선으로 보기도 하죠.

아프간을 침공한 소련을 견제하려고 미국은 아프간의 무자헤딘을 지원합니다. 미국과 사우디가 돈과 무기를 간접적으로 지원하고, 이웃 국가 파키스탄은 반군을 훈련시켜서 아프간에 보내죠.

그러나 미국의 개입은 역설적으로 이슬람 극단주의의 씨앗이 되었어요. 소련과 싸우며 이슬람주의로 똘똘 뭉친 무자헤딘이 미국의 중동 개입이 점점 심해지자 반미反美 테러 단체로 돌변한 거죠. 이슬람 극단주의 테러단체 알카에다를 만든 오사마 빈 라덴도 소련-아프간전쟁에 무자헤딘으로 참전했어요. 이후 1990년 걸프전쟁 때 사우디를 돕겠다고 자원하지만, 사우디에서는 이를 거절하고 미국 중심의 다국적군 배치를 허용하죠. 이때 알카에다가 반미, 반서방을 외치며 테러를 자행하기 시작했어요.

아프간에서는 1994년 이슬람 극단주의 단체인 탈레반이 만들어지고, 1996년 수도 카불을 점령하며 탈레반 정권을 세웠어요. 탈레반 정권은 옛 동지인 알카에다와 밀월 관계를 형성했죠. 2011년 9·11 테러가 일어나자 미국-아프가니스탄전쟁이 벌어졌는데, 생각

중앙아시아 5개국은 분리된 적이 없었는데, 소련에 의해 국경선이 나뉘면서 분쟁의 씨앗이 되었어요.

보다 쉽게 끝납니다. 두 달 만인 11월 13일 수도 카불이 함락되고, 미국은 12월 14일에 승리를 선언하죠.

그러나 탈레반은 게릴라전 형태로 전쟁을 지속합니다. 미국에 의해 세워진 새 정권은 부패하고 무능했기에, 아프간의 민심은 다시 탈레반으로 기울었거든요. 탈레반을 지지했다기보다는 외세에 의해 세워진, 부패하고 무능한 정권을 부정했다고 보는 게 맞겠네요.

결국 2021년에 탈레반은 또 한 번 수도 카불에 입성해 정권을 잡습니다. 아프가니스탄에선 여전히 내전이 진행되며, 탈레반 정권은 파키스탄과의 국경 분쟁으로 포격을 주고받고 있어요.

한 나라가 될 뻔했던 중앙아시아 5개국

이름에 '스탄'이 붙는 이유

중앙아시아의 나라 이름에는 '스탄'이 들어갑니다. 고대 페르시아어로 '(사람이 서 있는) 땅'이라는 뜻입니다. 영어 stand(서다), status(지위), state(나라)와 어원이 같다고 해요. 카프카스산맥 어귀에 있는 아르메니아도 자신들을 '하야스탄(하이인의 땅)'이라고 부르는데, 페르시아의 영향 때문이겠죠. 중앙아시아부터 신장위구르 자치구까지, 튀르크계 주민이 많아서 투르키스탄이라고 부르기도 했습니다.

인종의 그러데이션

'중앙아시아 5개국', '스탄 5개국'으로 묶이는 투르크메니스탄, 우즈베키스탄, 카자흐스탄, 키르기스스탄, 타지키스탄은 한때 소비에트 연방(소련)의 구성국이었기에 분위기도 비슷하고 구분하기도 어렵습니다.

하지만 자세히 들여다보면 다른 점이 있어요. 우선 5개국 중 4개 나라는 주요 민족이 튀르크계인데, 타지키스탄만 페르시아계, 이란계예요. 아프가니스탄 북부에도 타지크인이 살죠.

투르크메니스탄, 우즈베키스탄, 카자흐스탄, 키르기스스탄은 민족적으로 튀르크계이긴 하지만, 네 나라도 완전히 같진 않습니다. 인종적으로 그러데이션이 있죠.

중앙아시아에서 가장 남서쪽에 있는 투르크메니스탄 사람들은 서양인에 가까워요. 튀르키예 사람들과 비슷하죠. 중앙아시아 중간에 있는 우즈베키스탄인은 서양과 동양의 중간입니다. 아무다리야강, 시르다리야강이 흐르는 우즈베키스탄은 역사적으로도 유목민 전통과 정주민 전통이 섞여 있어요.

가장 북쪽 초원지대에 있는 카자흐스탄은 아시아 느낌이 강해요. 중앙아시아에서 가장 최근까지 유목 생활을 하던 사람들도 카자흐인이라고 합니다. 텡그리 신앙 같은 전통 종교세가 오래 이어져서 이슬람 색채도 가장 약한 편이라고 해요.

가장 동쪽 산악지대에 있는 키르기스스탄은 몽골 사람처럼 생겼어요. 그들의 고향이 몽골고원으로 추정되는 데다, 산악지대에 있어서 혼혈도 상대적으로 덜 이뤄졌겠죠. 키르기스인들은 바로 옆에 있는 카자흐인들과 문화적으로, 인종적으로 비슷한 편입니다.

물론 여기서 짚고 넘어가야 할 점이 있습니다. 중앙아시아는 다민족 지역이라는 거예요. 수천 년의 역사에 걸쳐, 알렉산더 대왕을 따라왔다 정착한 그리스인부터 소련 시절에 정착한 러시아인과 고려인까지 수많은 사람이 오갔다는 거죠. 그러니까 대체로 그런 경향이 있다는 정도로만 알아두면 좋겠습니다.

하나의 나라가 될 수 있었다

중앙아시아의 다섯 나라가 지금과 비슷한 국경선과 이름을 가진 건 1924년이에요.

중앙아시아에는 19세기까지 샤이반 왕조, 부하라 칸국, 히바 칸국, 코칸트 칸국 등 다양한 세력이 나타났다 사라졌어요. 그러나 1870년대부터 러시아의 지배를 받았죠. 당시엔 러시아령 투르키스탄으로 불렸는데, 당시 있던 왕국과 세력을 중심으로 러시아제국이 행정구역을 임의로 나눴어요.

식민지로 지내던 중앙아시아인들에게 기회가 와요. 러시아에서 1917년 공산주의 혁명이 일어나면서 내전이 벌어졌던 거죠. 이때 중앙아시아의 민족주의 지도자들은 러시아의 적군(공산주의 세력)과 손을 잡습니다. 자신들이 독립하려면 그 편이 유리하다고 판단한 겁니다. '공산주의와 손잡은 이슬람 민족주의자'라니, 이해하기 어렵죠? 1900년대 중앙아시아 지도자들은 해방과 독립을 위해 이념을 수단으로 활용했어요. 우리의 독립운동가들이 그랬듯 말이죠.

러시아에서 내전이 일어나자 러시아령 투르키스탄에 있던 공산당원(볼셰비키)들도 현재 우즈베키스탄 수도 타슈켄트를 중심으로 '투르키스탄 소비에트 사회주의 자치 공화국'을 세웁니다. 카자흐스탄 지역에 자치 공화국이 하나 더 만들어지고, 히바 칸국, 부하라 칸국이 있던 곳에도 혁명 이후로 자치 공화국이 들어서죠.

소련이 만든 나라들

하지만 러시아인이 다수인 소련은, 특히 소련의 두 번째 지도자인 이오시프 스탈린은 튀르크인들의 자치를 원하지 않았어요. 그래서 1924년부터 투르키스탄에 경계를 긋기 시작하죠. 다수 민족을 중심으로 '카자흐 소비에트 사회주의 공화국', '우즈베크 소비에트 사회주의 공화국' 등이 세워집니다. 학자들은 이를 두고 '창조된 민족'이라고 부르죠. 중앙아시아 사람들은 한 번도 경험해본 적이 없는 국경선과 행정구역을 타의에 의해 경험하게 된 겁니다.

소련 지도부는 투르키스탄을 나누면서 영국이나 프랑스가 아프리카 식민지를 세우면서 국경을 그은 것과 비슷한 방식을 사용했다고 합니다. "나눠서 다스려라." 연방의 구성국이라고 하지만, 러시아제국의 식민지 시절보다 자치권은 없었습니다. 여기에 반발하면 숙청이 잇따랐죠.

소련은 억지로 집단농장을 만들었고, 그로 인해 카자흐스탄에서 150만 명이 넘게 굶어 죽습니다. 사람들이 죽은 자리에는 러시아인, 우크라이나인, 고려인을 강제 이주시켰죠. 시간이 지날수록 중앙아시아의 공화국은 소련 공산당의 낙하산들이 다스려요.

소련이 무너질 때쯤 중앙아시아 5개국은 독립하지만, 소련이 임명한 마지막 서기장들이 독립한 5개국의 대통령이 되었고 최근까지도 정권을 세습하고 있어요.

소련이 만든 나라들은 여전히 러시아에 정치적, 경제적으로 의존하고 있어요. 다섯 나라 사이에선 지금도 국경 분쟁과 민족 분쟁이 일어납니다. 대표적인 곳이 다섯 나라의 국경선이 얽히고설킨 페르가나 분지입니다. 이들은 '창조된 민족'을 기반으로 자기들만의 정체성을 가지려고 애를 쓰지만, 기반 자체가 외부인에 의한 것이기에 여전히 소련의 유산에서 완전히 벗어나지는 못하고 있어요.

신장위구르는 독립할 수 있을까

세 개의 길

신장위구르는 역사적으로 비단길의 핵심지역이었지만, 지리적 환경만 보면 무역로로 삼기는 힘듭니다. 북쪽부터 알타이산맥, 톈산산맥, 쿤룬산맥이 장벽처럼 서 있거든요. 특히 톈산산맥은 '하늘 같은 산'이라는 이름처럼 하늘처럼 높고 멀고 크죠. 무협지에서 마교나 천마신교의 근거지로 나오는 이유가 있습니다. 또 중국 신화나 도교에서 자주 나오는 곤륜산의 유래가 쿤룬산맥이라고 해요.

당나라의 상인이 시안에서 출발해 하서회랑의 끝인 둔황에 도착하면, 신장위구르를 지나서 서쪽으로 가야 합니다. 산맥을 가로지르기 힘드니, 산맥 사이로 가야겠죠. 알타이산맥과 톈산산맥 사이에는 준가르분지가 있습니다. 이곳에 유목민족인 준가르인이 살아서 '준가리아'라고도 불리죠. 여긴 유목지대와 가까워서 유목민들에게 약탈당할 위험이 있어요.

톈산산맥과 쿤룬산맥 가운데에는 타림분지가 있습니다. 타클라마칸사막이라고도 해요. 분지 자체가 거대한 사막이라, 이를 가로

지르는 건 산을 타는 것만큼 힘들죠.

이 지역을 통과하려면 길은 3가지입니다. ① 톈산산맥 북쪽에 바짝 붙어서 가거나, ② 톈산산맥 바로 남쪽으로 붙어서 가거나, ③ 쿤룬산맥 바로 북쪽으로 붙어서 가는 거죠. 톈산산맥이랑 쿤룬산맥의 만년설이 녹으면서 강이 흐르는데, 산맥과 사막 사이의 구릉은 사람이 오가거나 살 수 있는 환경이에요. 그래서 산맥 근처에 도시도

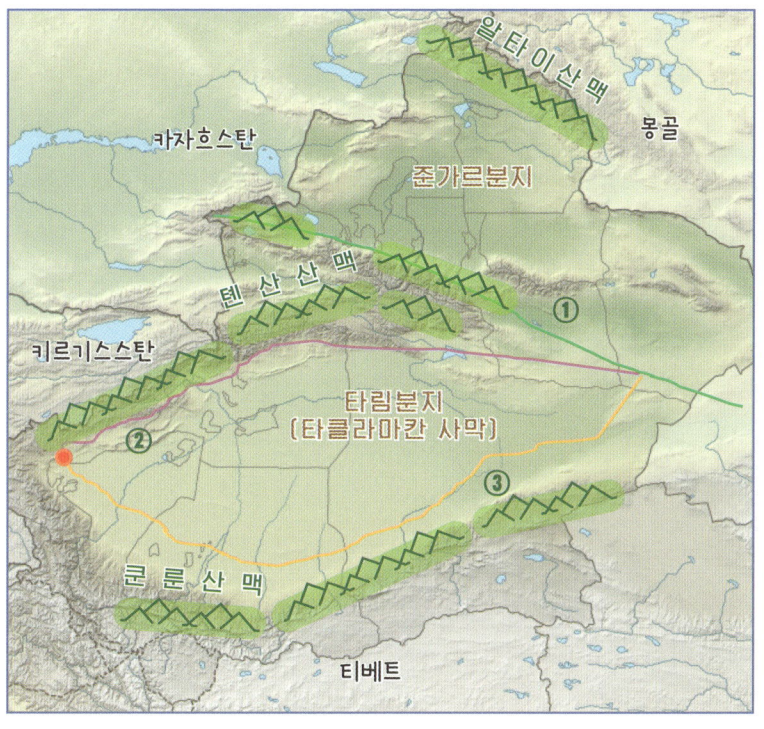

산맥과 사막뿐인 신장위구르지만, 상인들은 산맥 사이사이로 무역로를 만들었고 이를 잇는 오아시스 도시가 만들어졌습니다.

생기고 무역로도 생겼던 거죠. 이 세 가지 길은 톈산산맥을 기준으로 톈산북로(①)와 톈산남로(②, ③)로 구분하거나, 톈산북로(①)와 톈산중로(②), 톈산남로(③)로 구분하기도 합니다. 타클라마칸사막을 기준으로 서역북로(①, ②)와 서역남로(③)로 나누기도 합니다.

초원의 지식인

사막과 산맥을 지나면 지금의 중앙아시아 지역이 나옵니다. 중앙아시아와 신장위구르의 주민들은 튀르크계로 묶이는데, 신장위구르의 주민들은 자신들의 영역을 '동투르키스탄', 중앙아시아는 '서투르키스탄'으로 부릅니다.

그러나 서투르키스탄은 동투르키스탄보다 상대적으로 풍요롭습니다. 알타이산맥, 톈산산맥, 쿤룬산맥에 둘러싸인 신장위구르보다 고도가 훨씬 낮아서 덜 춥고, 아무다리야강, 시르다리야강이 이 지역을 풍요롭게 하니까요.

척박한 동투르키스탄은 주변 세력의 영향을 더 많이 받았고, 역사도 복잡했어요. 동투르키스탄 주민들을 위구르인이라고 부르지만, 위구르인들도 역사 기간 내내 이곳에 있었던 건 아니에요. 먼 옛날에는 유럽계 유목민 토하라인이 있었고, 이후엔 이란계 유목민 에프탈인이 지배했다가, 티베트계 토번제국과 한족의 당나라, 아랍계 아바스 왕조가 이 지역을 두고 경쟁하기도 했죠. 그러다가 9세기에 몽골초원에 있던 위구르인들이 동투르키스탄에 자리를 잡고 원주민들과 혼혈하면서 지금의 위구르인이 된 거예요. 이후에도 정체성은 끊임없이 변합니다. 동투르키스탄은 불교, 마니교의 교세가 강했지만, 차가타이 칸국의 지배를 받으면서 이슬람교를 믿기 시작했거든요.

물론 위구르인들에게도 나름의 정체성이 있었습니다. 비단길의 중심에 있는 위구르인은 굳이 학교에 다니지 않아도 세계 여러 지역의 문화와 종교, 언어를 배울 수 있었다고 해요. 평범한 위구르인 노예도 계약서를 직접 작성할 수 있을 정도로 식자율이 높았고, 이웃 유목민들은 위구르인들을 '초원의 지식인'이라고 부르며 부러워했다죠.

소련이 될 뻔했던 위구르

그러나 위구리스탄(위구르인들이 사는 땅)의 지정학이 바뀌기 시작해요. 16세기 대항해시대가 펼쳐지면서 해상 무역이 육상 무역을 대체했고, 유라시아 육상 무역이 쇠퇴하면서 비단길의 지정학적 가치도 떨어진 거죠. 러시아제국은 1700년대에 중앙아시아를 점령했고, 만주족이 세운 청나라가 위구리스탄을 점령했어요. 이는 비단길의 종말을 상징해요.

청나라가 신장을 지배한 이후 목초지를 농경지로 개간하면서 농업 생산량과 인구가 늘었지만, 무역 체계가 무너지면서 위구르인들은 가난해지고 무식해집니다. 유목지대의 지식인으로 유명했던 위구르인의 문해율이 떨어져요. 그래서 8~9세기에는 노비들도 계약서를 작성할 수 있었다지만, 19세기엔 위구르 상류층조차 글을 제대로 읽고 쓰지 못합니다.

청나라는 위구리스탄을 점령하고 '새로 얻은 강역'이라는 뜻으로 '신장新疆'이라는 이름을 붙였어요. 사실 청나라에도 신장 지역은 계륵 같았습니다. 청나라와 북방 유목지대를 두고 싸우고 있던 준가르를 정복하는 과정에서 신장 지역을 얻었을 뿐이거든요. 신장위구르 자치구의 면적은 약 166만km², 현재 중국 전체 면적의 6분의 1입니다. 넓은 지역을 통치하려면 대규모의 군대, 많은 예산이 필요하기에, 청나라는 세금을 올렸고 주민들의 불만은 커졌죠.

19세기 후반부터는 러시아와 소련이 이 지역에 많은 영향을 미칩니다. 시베리아 등지에 철도가 놓이면서 영향력이 커지고, 1930년대가 되면 소련군 1개 연대가 신장 지역에서 활동할 만큼 사실상 소련의 영토가 되죠. 소련의 인류학자 세르게이 말로프가 투르키스탄 지역의 언어 및 문화를 분석하면서 동투르키스탄의 튀르크계 무슬림 농민들을 '위구르인'이라고 명명했어요.

제2차 세계대전이 끝나고도 신장 지역이 소련의 구성국이나 위성국으로 남았다면, 소련이 해체되는 1991년에는 독립했겠죠. 하지만 신장 지역은 1949년 소련의 동맹국인 중화인민공화국의 영토로 편입됩니다. 신장위구르 자치구는 중국과 소련 사이의 완충지대 역할을 하면서 상당한 자치권을 인정받았어요.

신장 지역이 독립하기 어려운 이유

위구르인들의 저항·독립운동이 본격화된 건 소련이 해체된 1991년 이후예요. 중국 정부는 1990~2001년에 위구르의 분리 독립운동으로 200건 이상의 테러가 발생했다고 발표합니다. 위구르인들의 저항운동이 심각해지면서 2009년에는 위구르족과 한족 간의 무력 충돌로 200여 명이 사망하기도 하고, 유혈사태가 일어나요.

그러나 신장위구르 자치구의 독립은 멀어 보입니다. 중국이 이 지역을 포기할 수 없는 이유가 있거든요. 첫 번째, 안보상 포기할 수 없습니다. 중국과 러시아의 관계는 '친구도 아니고 적도 아닌' 사이입니다. 중국으로선 러시아와의 완충지대가 필요한데, 그곳이 몽골과 신장 지역이거든요. 심지어 신장 지역은 고지대예요. 안보에서 고지를 포기하는 나라는 없습니다.

두 번째, 경제적 이유도 있습니다. 이 지역은 에너지 자원의 보고로, 중국 석유·천연가스의 30~34%가 매장돼 있는 걸로 추산됩니다. 자체 보유한 자원뿐 아니라, 카스피해의 원유와 천연가스를 확보하는 데 중요한 전략적 통로이기도 해요.

세 번째, '하나의 중국' 정책상 포기할 수 없습니다. 중국은 공식적으로 55개 소수민족으로 이뤄져 있는데, 위구르를 독립시켜주면 티베트도 독립시켜줘야 하고 대만도 더는 압박할 수 없겠죠.

중국이 위구르를 독립시켜주지 않아도 되는 이유도 있습니다. 첫 번째, 분리독립을 원하는 소수민족 중에서도 위구르인들의 정체성은 약한 편에 속합니다. 오랜 기간 하나의 정체성으로 살아오지 않았기 때문이죠. 수많은 인종과 문화가 섞인 데다, 사막과 산맥을 사이에 두고 각기 다른 역사를 살아왔어요.

두 번째, 그나마 위구르인들을 묶어줄 수 있는 이슬람교에 대한 국제 여론이 좋지 않아요. 이슬람 극단주의 단체들이 활개 치면서 신장 지역에 대한 국제 사회의 관심도 떨어졌죠.

세 번째, 중국의 체급이 달라졌습니다. 2000년대 '세계의 공장' 역할을 하던 중국과 2020년대 'G2'로 불리는 중국의 위상은 전혀 다르죠. 이런 문제는 주변 강대국의 역할이 큽니다. 몽골이 독립할 수 있었던 건 소련 때문이었고, 대만이 여전히 중국에 흡수되지 않은 건 미국 때문이에요. 하지만 러시아는 신장 지역을 두고 중국을 견제하기에는 더 이상 힘이 없습니다. 중앙아시아에 있는 나라도 중국에 위협이 될 수 없고요. 정글과도 같은 국제 사회의 현실 속에서 위구르인들의 비극은 지금까지 이어지고 있어요.

동서양의 스승,
남아시아와 중앙유라시아 챕터 정리

✴ 남아시아와 히말라야산맥은 떼려야 뗄 수 없는 관계입니다. 히말라야산맥 때문에 남아시아는 동·서아시아와는 다른 독자적인 문화권을 형성할 수 있었습니다. 히말라야산맥에서 출발한 인더스강과 갠지스강의 평원 덕분에 인구도 빠르게 늘어날 수 있었죠.

✴ 남아시아는 힌두교, 불교가 만들어지고 이슬람교도 전국적으로 유행했던 종교의 대륙입니다. 이들 종교는 화합과 공존을 고민했지만, 식민 지배기를 거치며 갈등이 커졌고 인도와 파키스탄, 방글라데시로 분리됐습니다.

✴ 히말라야산맥 북쪽은 비가 많이 내리지 않는 초원지대가 형성됐고, 그곳에선 유목민들이 오랜 기간 활동했습니다. 그들은 탁월한 기동력으로 정착·농경민들을 공격하고 약탈했지만, 유라시아대륙의 무역을 주도했습니다.

✴ 각각 동투르키스탄, 서투르키스탄으로 불리는 신장위구르와 중앙아시아 5개국은 다른 지형을 가졌지만 모두 유라시아 무역의 주요 통로였습니다. 그러나 해상 무역이 발전하면서 쇠퇴했고, 러시아와 중국 등 주변 강대국의 간섭과 지배를 받게 되었습니다.

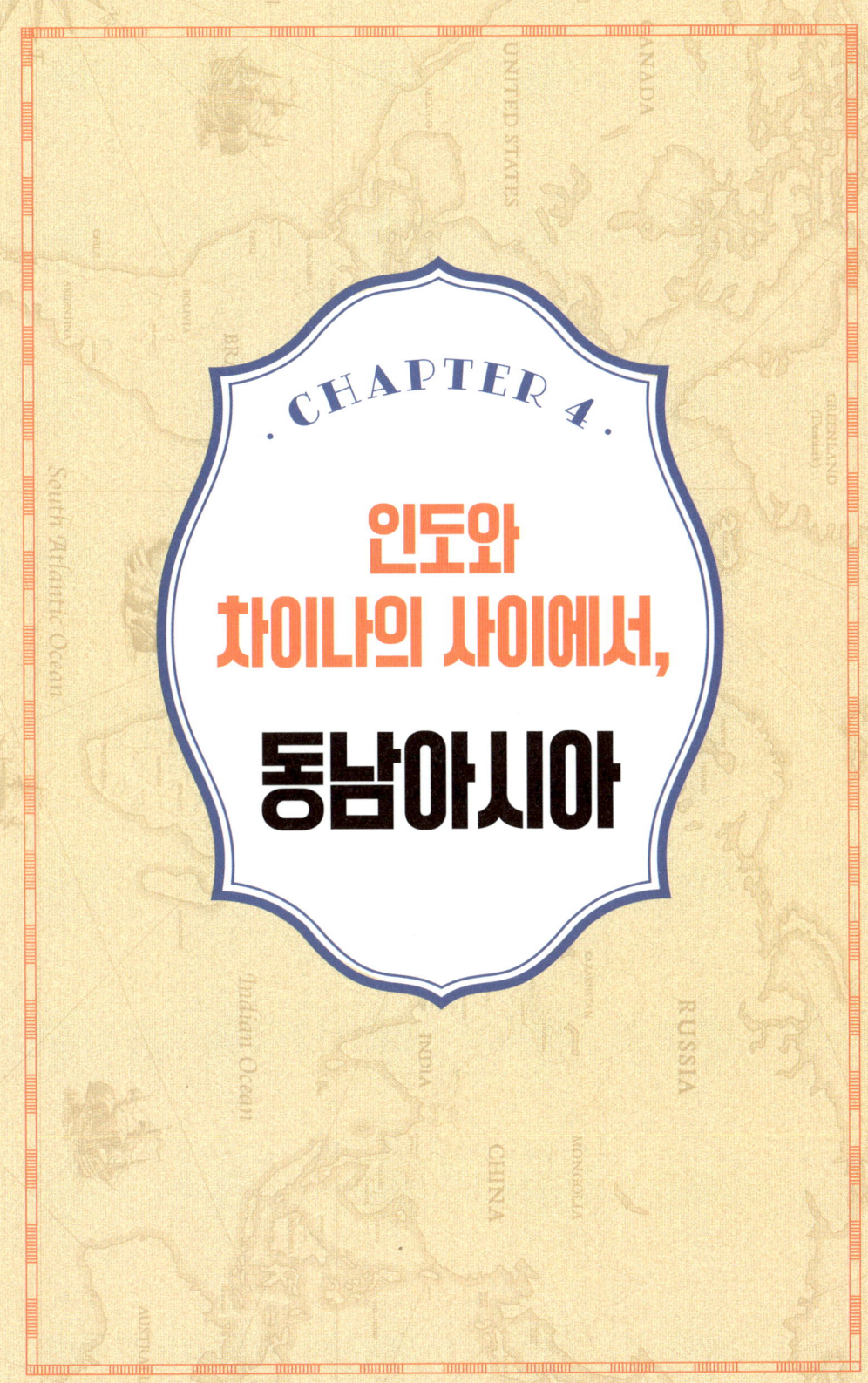

동남아시아는 우리가 사랑하는 관광지입니다.
하지만 동남아시아 사람들이 어떻게 살아왔는지는 잘 모릅니다.
동남아시아의 지리와 역사를 공부하면,
별생각 없이 지나쳤던 그들의 모습이 조금은 달리 보일 겁니다.

동남아시아의 자연지리와 역사
다양한 정체성이 공존하는 곳

우리는 동남아시아를 하나의 지역으로 묶어서 부르곤 하지만, 실제로 동남아시아는 동일한 정체성을 공유하지 않는다고 합니다. 생각보다 더 다양한 동남아시아의 지리적 특징과 역사를 살펴봅시다.

동남아시아가 뭉치기 힘든 지리적 이유

하나가 되기 힘든 동남아시아

관광지, 더운 지역, 못사는 나라, 체형이 왜소한 사람들……. 동남아시아의 이미지는 단순합니다. 하나의 지역으로 뭉뚱그리기 좋은 곳이죠.

그러나 정작 동남아시아 사람들은 하나의 정체성을 공유하지 않는다고 해요. 역사적으로 동남아시아 전체에 영향을 미치는 나라가 없었어요. 거대한 문명권인 인도와 중국 사이에 있어서 두 지역의 영향을 많이 받았죠. 그러다 보니 인종적으로, 문화적으로도 복잡합니다.

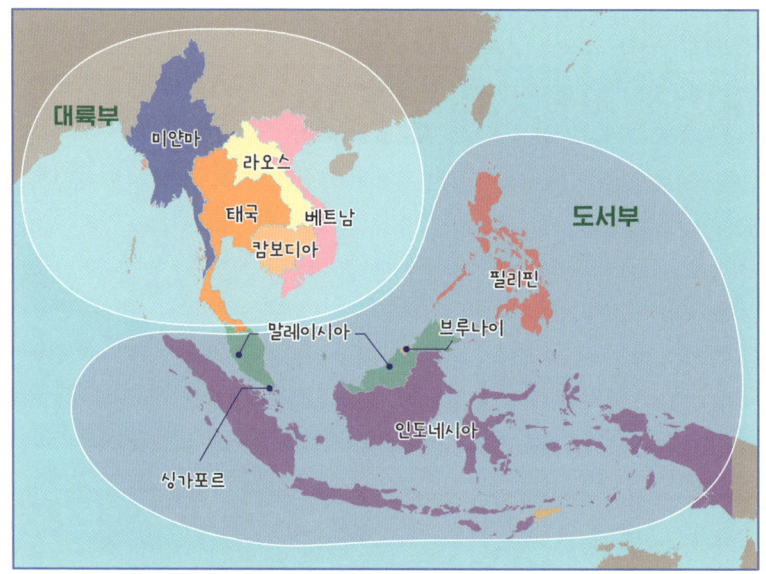

동남아시아는 베트남, 태국, 미얀마 등이 있는 '대륙부(인도차이나반도)'와 말레이시아, 싱가포르, 인도네시아 등이 있는 '도서부(말레이제도)'로 나뉩니다.

    동남아시아국가연합ASEAN마저도 유럽연합EU과는 시작이 다릅니다. 필리핀, 인도네시아, 말레이시아, 싱가포르, 태국이 1967년 인도차이나의 공산주의 위협(베트남, 라오스, 캄보디아)에 맞서려고 만든 게 아세안이에요. 동질감 때문이 아니라, 위기감에 뭉친 거죠. 그러다가 1990년대 냉전이 종식되면서 베트남, 라오스, 캄보디아, 미얀마 등이 아세안에 합류했어요.
    여기에는 지리적 요인이 크게 작용합니다. 동남아시아는 크게 대륙부와 도서부(섬이 많은 곳)로 나뉘거든요. 베트남, 태국, 미얀마 등이 있는 대륙부는 인도와 중국 사이에 있는 반도라는 뜻에서 인도차이나반도라고 합니다. 인도차이나반도와 호주(오스트레일리아) 사이에 있는 도서부는 말레이인이 사는 섬이라는 뜻에서 말레이제도라고 하죠. 인도차이나반도와 말레이제도는 유럽이나 아랍처럼 범동남아시아 정체성을 가져본 적이 없어요. 동남아시아의 지리, 역사, 현재를 알기 위해선 대륙부와 도서부를 구분해서 알아봐야 합니다.

티베트고원이 만든 인도차이나

유라시아대륙 동쪽에 있는 강은 대부분 티베트고원에서 물길이 시작해요. 인도, 중국, 인도차이나의 많은 강은 티베트에서 발원하죠. 중국이 티베트를 포기하지 못하는 여러 이유 중 하나가 티베트의 수자원 영향력 때문이에요.

인도차이나에서 가장 긴 강은 메콩강으로, 티베트고원에서 시작해 중국을 지나 라오스, 태국을 거쳐 캄보디아를 가로질러 베트남 남부의 삼각주를 지나 남중국해로 흘러갑니다. 중류에는 라오스의 수도 비엔티안이, 중하류에는 동남아시아에서 가장 큰 호수인 톤레사프 호수(캄보디아)와 캄보디아의 수도 프놈펜이, 하류 삼각주엔 베트남의 호찌민이 있어요. 고대 동남아시아의 젖줄 역할을 했고 지금도 세계에서 손꼽히는 곡창지대죠. 하지만 무리한 개발과 댐 건설로 환경 문제가 불거지고 있죠.

두 번째로 긴 강은 미얀마의 젖줄 이라와디강이에요. 미얀마의

인도차이나반도에서 가장 긴 메콩강, 미얀마의 젖줄 이라와디강, 태국의 젖줄 짜오프라야강 등은 티베트고원에서 물길이 출발합니다. 그래서 인도차이나반도의 나라들은 중국과 마찰을 빚어왔어요.

중부 평원을 거쳐 미얀마 제1의 도시이자 옛 수도인 항구도시 양곤 근처에서 삼각주를 형성하고 벵골만(안다만해)으로 흐릅니다. 참고로 미얀마의 현재 수도는 군사적 요충지인 내륙의 계획도시 네피도입니다.

인도차이나에는 중요한 강이 더 있는데, 베트남의 젖줄인 송꼬이강(홍강)이 그중 하나예요. 베트남의 수도 하노이를 지나 하류에서 삼각주를 형성하며 통킹만으로 흘러가죠. 베트남전쟁에 미국이 직접 개입한 계기가 된 통킹만 사건이 이곳에서 벌어졌어요. 베트남에서 통킹만을 지나면 바로 중국의 하이난섬이 나와요. 하이난섬 남쪽으로는 중국과 동남아가 분쟁하고 있는 남중국해고요.

짜오프라야강은 태국의 젖줄로, 태국 중부에 비옥한 평원을 만들어줬죠. 태국 북부의 중심 치앙마이는 짜오프라야강의 지류에 있고, 수도 방콕은 강 하류에 있어요. 짜오프라야강이 흘러나오는 바다가 타이만입니다.

인도차이나는 티베트고원의 지형적 영향을 받습니다. 티베트고원에서 이어지는 산맥이 인도, 중국과의 경계, 나라 간 경계를 이루죠. 중국 쓰촨 지방 아래에 있는 운귀雲貴(윈구이)고원은 중국과 인도차이나의 지리적 경계 역할을 합니다. 이 고원 덕분에 인도차이나 사람들은 중국에 흡수되지 않고 자신들만의 역사와 정체성을 지킨 거예요.

이 밖에도 중국과 미얀마의 경계인 횡단산맥, 인도와 미얀마의 경계인 아라칸산맥, 베트남과 라오스를 구분하는 안남산맥, 미얀마와 태국을 구분하는 다우나산맥, 미얀마와 태국 사이의 고원지대인 샨고원과 카렌고원이 있습니다.

산악 지역에서 알아야 할 곳은 골든 트라이앵글(황금의 삼각지대)이에요. 미얀마와 태국, 라오스의 접경 지역인데, 세계적인 마약 산지이기도 하죠. 아편을 생산하기에 최적의 기후와 조건을 지닌 데

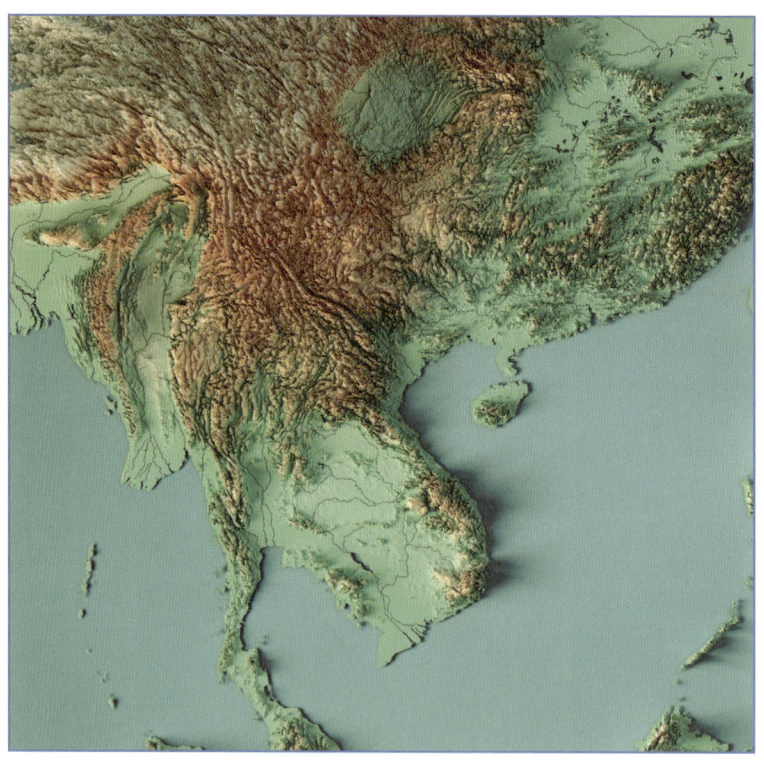

티베트고원에서 이어지는 산맥들이 인도, 중국과의 경계, 나라 간 경계를 이루죠.

다, 행정력을 뻗치기 어려운 천혜의 요지이기 때문이에요. 샨족의 독립운동을 지휘한 미얀마의 군벌이자 동남아의 마약왕 쿤사가 이곳에서 마약을 생산·유통했다고 해요. 쿤사가 미얀마 정부와 협상한 이후 관광단지로 탈바꿈하는가 싶었지만, 글로벌 금융위기 이후로 동남아 경제도 어려워지면서 다시 마약 생산이 늘었다고 합니다.

3만 개의 섬이 있는 말레이제도

인도차이나반도와 말레이제도의 점이지대 역할을 하는 나라가 말레이시아예요. 말레이시아 영토 절반은 대륙부에, 나머지 절반은 도서부에 포함됩니다.

인도차이나반도에서 꼬리처럼 길쭉하게 늘어진 반도가 말레이반도예요. 섬 지방 사람들을 말레이인이라고 해서 붙은 이름이에요. 말레이반도에 말레이시아의 수도 쿠알라룸푸르, 행정수도 푸트라자야, 반도 끝에는 화교 중심의 도시국가 싱가포르가 있죠. 말레이시아와 싱가포르는 제2차 세계대전 이후로 1965년까지는 하나의 나라였습니다.

말레이반도와 호주 사이에 3만 개가 넘는 섬이 있는데, 이곳엔 왜 섬이 많을까요? 일본에 섬이 많은 이유와 비슷해요. 말레이제도에서 네 개의 지각판이 만나기에 지질학적으로 불안정해요. 화산도 많고, 지진, 해일도 자주 발생합니다. 지난 2004년 12월 수마트라 해안에서 지진이 발생해 23만 명의 사람들이 목숨을 잃기도 했죠.

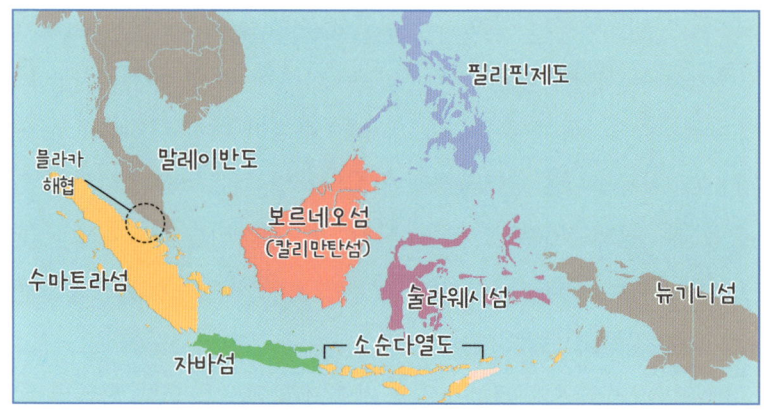

말레이제도에 섬이 많은 이유는 지각판 때문입니다. 네 개의 지각판이 말레이제도에서 만나면서 화산도 많고, 지진, 해일도 자주 발생합니다.

말레이제도를 크게 순다열도와 필리핀제도로 나누는데, 필리핀제도는 말레이제도와 따로 구분되기도 해요. 물론 사람이 사는 섬은 900개가 안 되고, 이름 있는 섬도 3,000개가 안 됩니다. 가장 큰 섬은 수도 마닐라가 있는 북쪽의 루손섬으로, 크기로 세계 17위, 인구로 세계 4위의 섬이죠. 필리핀에서 두 번째로 큰 섬은 남쪽의 민다나오섬으로, 인구 30%가량이 이슬람교도라 분쟁이 있는 지역입니다.

필리핀 남쪽에는 순다열도가 있어요. 큰 섬들이 모여 있는 대순다열도와 작은 섬들이 모인 소순다열도가 있죠. 대순다열도는 동남아시아의 4대 섬, 보르네오섬, 수마트라섬, 자바섬, 술라웨시섬을 가리켜요. 보르네오섬 북부에 말레이시아 영토가 있고, 그 안에 석유가 많이 나는 브루나이 왕국도 있습니다. 브루나이 왕국의 이름이 보르네오섬의 어원이에요. 그런데 인도네시아에선 칼리만탄섬이라 부른대요. 수마트라, 자바, 술라웨시는 모두 인도네시아 영토입니다.

크기로는 나무 많은 보르네오섬이 1등, 인구로는 인도네시아 수도 자카르타가 있는 자바섬이 1등이에요. 제3세계 국가 정상들이 모였던 '반둥회의(1955)'가 자바섬의 반둥에서 열렸죠.

말레이반도 바로 아래에 있는 섬이 수마트라섬이에요. 유전도 있고 커피도 많이 키우죠. 수마트라섬과 말레이반도 사이가 믈라카(말라카)해협이에요. 인도양과 태평양의 관문 역할을 하다 보니 오래전부터 전략적 요충지 역할을 했죠. 싱가포르도 믈라카해협 입구에 있고, 가장 동쪽에 술라웨시섬이 있어요.

자바섬 동쪽에 길게 늘어진 섬들이 소순다열도입니다. 신혼여행 1번지 발리섬, 인도네시아에서 독립한 동티모르가 있는 티모르섬은 소순다열도에 속해요. 말루쿠제도도 있는데, 술라웨시섬 동쪽에 있는 1,000개의 작은 섬을 가리켜요. 대항해시대에는 육두구, 정향 등 향신료가 많이 난다고 '향료제도'로 불리기도 했죠.

인도네시아 영토의 동쪽 끝은 세계에서 두 번째로 큰 뉴기니섬이에요. 동쪽은 파푸아뉴기니, 서쪽은 인도네시아의 영토죠. 지리적으로는 오세아니아에 들어가는데 인도네시아 영토도 있어 동남아로 치기도 해요. 말레이제도 남쪽에는 크리스마스섬도 있어요. 인도네시아 자바섬 남쪽에 있는 호주 영토로, 1643년 크리스마스에 발견되어 크리스마스섬이 됐습니다.

사실 '동남아시아'라는 한 단어로 치부하기엔, 동남아시아는 참 다양한 지리를 갖고 있습니다. 동남아시아의 지리는 그들의 역사는 물론 현재의 모습에도 큰 영향을 미치고 있어요.

동남아시아가 선진국이 되지 못한 역사적 이유

동남아시아 역사의 특징

동남아시아 여행은 자주 가도 동남아시아 역사는 잘 모르는 사람이 많아요. 그러나 인도와 중국, 서구 열강 등에 시달린 동남아의 역사를 살펴보면, 중국과 유목 제국, 서구 열강 등에 시달린 우리나라의 역사와 비슷해서 묘하게 기시감이 들기도 합니다.

먼저 동남아시아사의 특징을 살펴볼까요? 첫 번째, 기록이 별로 없어요. 덥고 습한 기후 때문에 기록이 훼손되었거든요. 그래서 외국의 기록, 특히 중국의 기록에 의존한다고 해요. 하지만 중국은 역사를 자기중심적으로 기록하는 경향이 있어서 감안해야 합니다. 두 번째 특징은 생각보다 다양하다는 점입니다. 동남아시아 10개 국가를 하나로 묶을 키워드를 찾기가 힘들어요. 중국과 인도의 영향을 많이 받았지만, 8세기 넘어서 이슬람인들의 영향도 받았고, 대항해 시대 이후엔 유럽 영향도 받았어요. 그러니 문화의 용광로죠.

그렇다고 동남아시아사를 관통하는 공통점이 없는 건 아니죠. 다양성이 조화를 이루는 게 하나의 정체성으로 자리 잡았다고 할 수 있어요. 유적지를 가도 힌두교 사원인지, 불교 사원인지 딱 꼬집어 말하기 힘들어요. 캄보디아의 앙코르와트는 "힌두교와 불교가 절묘하게 조화를 이룬다"라는 평가를 받아요. 대승불교가 주류인 베트남에서도 남부에는 힌두교 사원이 많이 있고요. 하나의 세력, 이념·종교가 그 사회를 지배하다가 교체되는 과정을 거치지 않고, 그 지역에 들어온 민족, 종교가 조화를 이룹니다.

동남아시아사를 관통하는 두 번째 공통점은 벼농사예요. 동남아시아는 1년 내내 따뜻하거나 덥고, 물도 많고 비도 많이 내려서 벼농사에 매우 유리합니다. 동남아시아가 경제적으로 어려워도 기아에 허덕이진 않아요. 그만큼 풍요로운 곳이죠. 그런데 풍요로운 만큼 생존 경쟁이 덜 치열합니다. 그래서 거대한 국가 권력이나 정교한 통치 체제가 상대적으로 더디게 등장한 게 아닐까 싶습니다. 동남아시아에서 왕조가 교체되는 건 그 지역의 주인이 바뀌는 게 아니라 한 지역의 영향력이 약해지면서 다른 지역의 영향력이 강해지는 거예요. 그래서 왕조가 탄생하고 멸망하는 게 정확히 구분되지 않았던 거죠. 밤하늘에 밝았던 별 하나가 서서히 흐려지고 다른 별이 눈부시게 밝아지는 상황처럼 말이죠.

동남아시아 역사 아는 척하기

인도차이나반도의 역사를 간단하게 정리하면, 다음과 같습니다. 우선 지역 원주민인 크메르인이 캄보디아 지역에서 세를 떨치다가,

14세기 무렵부터 중국 남부에서 이주한 이주민들이 태국을 중심으로 지역을 주도합니다. 미얀마는 태국과 많이 싸웠고, 베트남은 중국과 교류가 더 많았어요.

인도차이나를 처음 주도한 나라는 푸난(프놈) 왕국이에요. 크메르인들이 지금의 캄보디아에서 1~2세기에 세웠어요. 유적지에서 로마나 고대 중국 유물도 발견되면서 인도-중국 사이의 해상 무역으로 성장한 것으로 추측해요. 메콩강 중하류(삼각주)에서는 푸난의 속국이었던 첸라가 농업을 바탕으로 발전해서 7세기에 푸난을 멸망시킵니다. 중간에 분열됐지만, 9세기에 자야바르만 2세 때 다시 통일되면서 크메르 왕조(앙코르 왕조)가 열려요. 12세기는 전성기로, 그 유명한 앙코르와트가 지어지죠. 처음엔 힌두교 사원으로 지었는데 불교 사원으로 바뀝니다. 그리고 크메르 왕국은 13세기부터 쇠락해요.

이때 주도권을 쥔 게 현재 태국인의 조상들이에요. 태국도 원래 크메르인들의 땅이었는데, 8세기부터 중국 남부에 살던 사람들이 태국으로 이주하죠. 그 이주민들과 원주민(크메르인)이 혼혈하면서 지금의 태국인이 된 거예요. 특히 윈난에 있던 대리국이 13세기 몽골에 멸망당하자 이주민이 대거 늘어나요. 태국인들이 1257년 최초의 통일 왕국(수코타이 왕국)을 세우고, 이후 쿠데타가 일어나서 아유타야 왕조가 열렸죠. 이 왕국이 캄보디아의 크메르 왕국을 무너뜨립니다. 이때부터 태국의 왕조가 인도차이나를 주도해요. 1782년 왕국의 장군인 차끄리가 방콕을 수도로 하는 차끄리 왕조를 세워서 지금까지 이어지고 있어요. 우리로 치면 이성계가 세운 조선이 아직도 입헌군주국으로 이어진 셈이죠.

태국 서쪽에 있는 미얀마에도 원주민인 퓨인과 몽인이 살았는데, 중국-티베트계통의 버마족이 이주해 혼혈을 이뤄 지금의 미얀마인이 됐어요. 사실상 첫 통일 왕국인 파간 왕조는 40km²의 광대한 지역에 3,000개가 넘는 파고다(불탑)를 세웠죠. 이후 세워진 꼰바웅 왕조는 태국의 아유타야 왕조를 멸망시키기도 하지만, 결국 영국에 식민 지배당합니다.

베트남 역사는 중국 지배기와 독립 왕조기로 구분할 수 있어요. 베트남의 조상들은 중국 남부와 베트남 북부에 살았는데, 한족 왕조가 팽창하며 약 1,000년간 중국의 지배 아래 있었죠. 하지만 한족에게 동화되지 않고 독립했고, 베트남의 민족 정체성이 되죠.

말레이반도는 인도와 중국 사이의 해상 무역을 주도한 지역입니다. 말레이반도에서 기억해야 할 첫 번째 역사는 스리위자야(슈리비자야) 왕국입니다. 7세기 무렵 인도네시아 수마트라섬의 여러 도시가 연합해 만든 나라로, 팔렘방을 수도로 삼아 믈라카(말라카)해협을 지배하며 13세기까지 번영합니다.

인도네시아의 자바섬에도 9세기 무렵 사일렌드라 왕국이 있었어요. 이 왕국은 피라미드 모양으로 생긴 세계 최대 규모의 불교 사원 보로부두르 유적을 짓습니다. 그러나 얼마 안 가 쇠퇴하고 스리위자야 세력에 흡수되죠.

13세기부터 믈라카해협의 해상 무역이 활발해지는데, 이슬람 상인의 진출로 14세기 말부터 이 지역은 이슬람교가 득세하죠. 스리위자야 왕국이 지배하던 영역을 이슬람 국가인 말라카 왕국이 계승하고 말레이시아, 인도네시아, 필리핀 남부에 이슬람교가 전파됩니다.

식민 지배의 그림자

말라카 왕국은 16세기 포르투갈의 침략으로 멸망합니다. 이에 질세라 스페인은 필리핀을 식민화하죠. 이후 네덜란드가 인도네시아와 말레이시아에 동인도회사를 앞세워 진출하지만, 영국이 가세해 지금의 말레이시아를 차지해요. 19세기 후반부터 캄보디아, 베트남, 라오스는 프랑스에, 미얀마는 영국에 의해 식민지가 됩니다. 그러나 당시 인도차이나의 패자였던 태국은 식민화되지 않아요. 상당한 영토를 빼앗기지만, 국왕의 근대화 노력과 외교 정책 덕분에 독립을 지켜내죠. 한편 필리핀은 1898년 미국-스페인전쟁에서 승리한 미국의 식민지가 됩니다.

서양 열강들의 식민 지배는 이후 동남아시아에 두 가지 과제를 남겨줍니다. 첫 번째는 화교예요. 해상 무역의 중심지인 동남아시아에는 오래전부터 중국계 이주민이 많았는데, 이들이 동남아시아에서 주류의 지위를 갖게 된 건 유럽의 식민 시기부터입니다. 중국인이 식민 지배의 협조자, 마름(중간 관리자) 역할을 하면서죠. 유럽

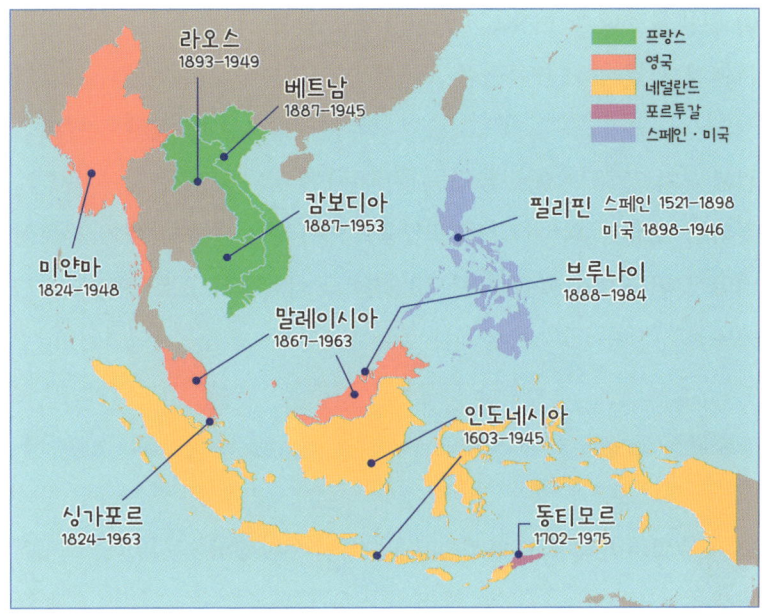

태국을 제외한 동남아시아 나라들은 서구 열강들에 식민 지배를 받았고, 여전히 식민 지배의 후유증에 시달리고 있습니다.

인과 중국인의 결합은 동남아의 새로운 국가 건설로까지 발전하고, 1819년에 싱가포르가 건설됩니다. 지금까지 동남아에선 화교의 사회경제적 그늘이 상당하죠.

  두 번째는 민족 vs. 국가 정체성이에요. 유럽의 식민 지배와 제2차 세계대전은 많은 이들에게 독립 의지와 국가 정체성을 심어줬어요. 그러나 산악, 정글, 섬이 많은 동남아시아에는 종교·문화·혈통이 다른 소수민족도 많아요. 식민 제국이 멋대로 이들을 재단하고 이간질한 결과 지금까지 분쟁이 남아 있습니다. 미얀마 민족 분쟁이 대표적입니다. 1948년 독립한 후로 민족 간 분쟁이 지금까지도 이어지고 있거든요. 이슬람 국가인 인도네시아에서 독립한 가톨릭 국가 동티모르, 북부 기독교도와 남부 이슬람교도가 분쟁을 벌이는 필리핀 등 종교 분쟁도 많죠. 이런 분쟁이 국가와 민족 내부에서 해결되지 못해요. 독립 직후 미국(자유 진영)과 소련(공산 진영) 사이의 냉전이 이어지면서 각종 분쟁이 강대국의 대리전으로 변질되기도 했죠.

중국의 영향을 받으면서도 꾸준히 독자성을 추구했고 근대 이후로는 대륙 세력과 해양 세력의 틈바구니에서 나름의 가능성을 찾아갔던 우리나라의 역사와 비교하면, 동남아시아의 역사가 낯설게만 느껴지진 않습니다.

동남아시아의 인문지리
인도-중국 문명의 그러데이션

캄보디아, 태국, 베트남, 필리핀, 인도네시아, 싱가포르, 말레이시아⋯⋯. 모두 자주 가는 여행지입니다. 익숙하면서도 낯선 일곱 나라로 지리와 역사 여행을 떠나봅시다.

앙코르와트의 나라, 캄보디아의 잔혹사

앙코르와트가 갖는 의미

캄보디아 국기를 보신 적이 있으신가요? 캄보디아는 독립한 이래로 국기에 앙코르와트가 그려져 있어요. 캄보디아에서 앙코르와트가 갖는 의미가 어느 정도인지 짐작할 수 있겠죠. 코로나 팬데믹 이전인 2019년에만 전 세계 661만 명의 외국인 관광객이 앙코르와트를 보러 캄보디아를 찾았다고 해요. 그해 캄보디아의 관광 수입은 49억 2천만 달러로, 캄보디아 GDP(270억 달러)의 18%를 앙코르와트에 의존했던 셈이죠.

그러나 앙코르와트를 단순히 세계적인 관광지로만 보면 안 됩니다. 수백 년 동안 다른 민족, 다른 나라의 간섭을 받은 캄보디아인(크메르인)의 역사적인 자부심이 서려 있는 곳이기 때문이에요.

앙코르와트에서 앙코르Angkor는 크메르어로 왕도, 와트Wat는 사원을 뜻합니다. '왕도의 사원', '사원의 도읍'이라는 뜻인데요. 당시 크메르제국의 왕인 수르야바르만 2세가 30여 년간 1만 명의 사람을 동원해 만든 사원입니다. 식량 생산을 위해 논을 개발해서 최전성기에는 약 40만 명이 왕도인 앙코르에 살았다고 추정됩니다.

재밌는 점은 앙코르와트가 현재는 세계 최대의 불교 사원으로 일컬어지지만, 세워질 당시에는 힌두교 사원으로 지어졌다는 겁니다. 수르야바르만 2세가 힌두교 세계관의 중심에 있는 수메르산을 본떠 만든 사원이었죠. 당시 밀림이 우거지고 자연 신앙이 강했던 동남아시아에서는 힌두교가 빠르게 보급됐는데, 12~13세기에 자야바르만 7세 때 불교 사원으로 바뀌죠.

동남아시아의 강국, 크메르

지금 인도차이나반도의 양강兩强으로 태국과 베트남을 꼽지만, 태국인과 베트남인은 인도차이나의 역사 초기엔 그곳에 있지도 않았어요. 인도차이나의 역사가 시작될 1~2세기부터 13세기까지는 크메르인들이 중심이었죠.

캄보디아에서는 메콩강이 중요합니다. 메콩은 태국어로 '아주 큰 강'이라는 뜻이에요. 티베트고원에서 발원해 중국과 라오스, 태국, 캄보디아, 베트남 등 5개국을 흐르는 동남아시아에서 가장 긴 강입

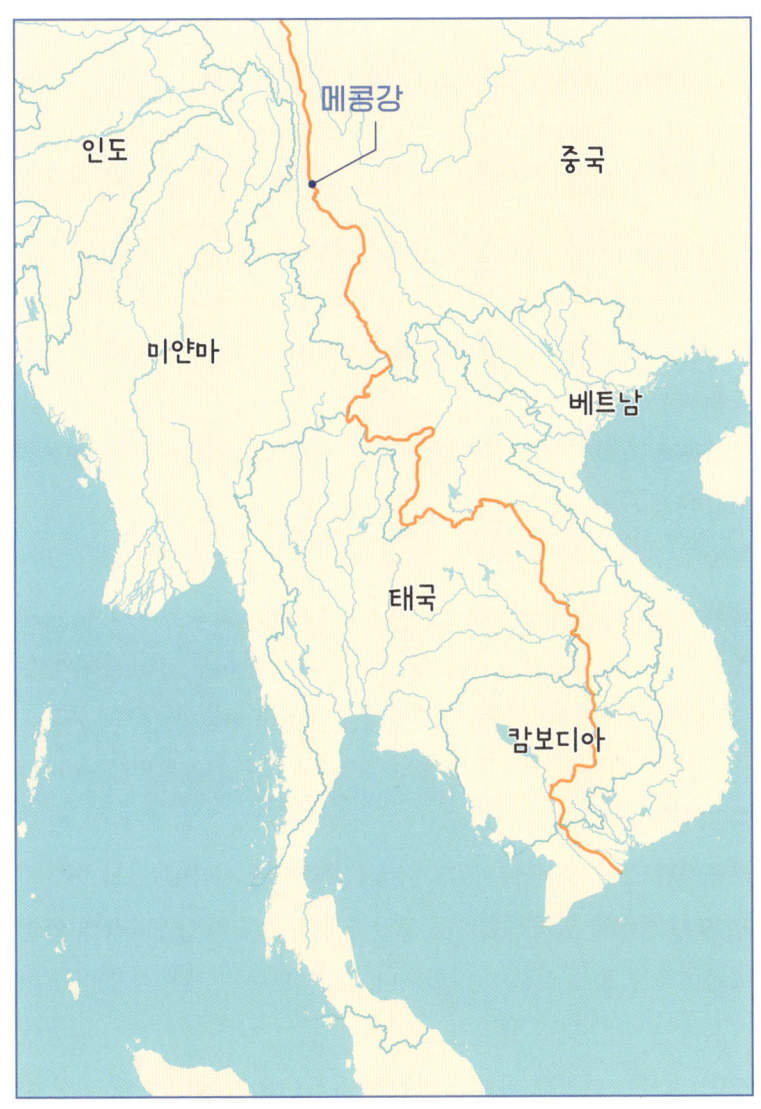

메콩강 유역에서 문명을 시작한 캄보디아인들은 오랫동안 인도차이나의 강국으로 군림해 왔지만, 이민족의 침략으로 쇠퇴하고 말았습니다.

인도와 차이나의 사이에서, 동남아시아

니다. 길이가 약 4,180km로 세계에서 12번째로 깁니다. 유역 면적만 약 80만km²에 달한다고 해요.

인도차이나반도의 젖줄 역할을 해온 메콩강 하류의 메콩강 삼각주(델타) 지역은 땅이 기름져서 세계 최고의 곡창지대 중 한 곳으로 꼽히죠. 현재는 무리한 개발과 댐 건설 때문에 환경 문제가 심각하긴 하지만요. 현재 베트남 남부의 중심 도시인 호찌민도 메콩강 하류에 있는데, 옛 이름인 '사이공'은 크메르어로 '도시의 숲'이라는 뜻입니다.

이곳에 자리 잡았던 크메르인들은 인도차이나의 역사를 주도해 나갔어요. 인도차이나 역사에서 가장 먼저 이름을 남긴 푸난 왕조(1~6세기), 푸난 왕조에서 독립했다가 푸난 왕조를 멸망시킨 첸라 왕조(6~8세기), 이후 크메르(앙코르) 왕조까지, 캄보디아인들의 직계 조상이라고 할 수 있죠. 그중에서도 앙코르와트를 짓던 시대가 크메르인들의 전성기였어요.

차라리 프랑스 시절이 나았다?

강력하던 크메르제국은 13세기부터 쇠퇴하기 시작했죠. 사원을 너무 많이 지어서 경제적으로 흔들렸다거나, 13세기 몽골제국의 침입 때문이라는 등 분석은 다양합니다. 그러나 저는 '개활지의 비극'이라고 봅니다. 중국의 옛 수도 뤄양(낙양)도 입지가 좋은 평야에 있었지만, 방어에 취약해 침공을 많이 받았거든요. 메콩강 일대 역시 풍요로웠지만 이주민들의 침략엔 취약했죠.

결국 크메르 왕조는 15세기 무렵 태국인들의 아유타야 왕조의 침공으로 멸망당합니다. 다시 나라를 세웠지만, 태국인들의 침공으로 수도를 앙코르에서 남동쪽의 프놈펜으로 옮겨야 했어요. 이후엔 세력을 확장하던 베트남의 지배와 간섭도 받죠.

크메르인들의 쇠퇴와 함께 수백 년 동안 정글에 묻혀 있었던 앙코르와트는 프랑스의 식민지였던 19세기 후반에 프랑스인 박물학자 앙리 무오가 발견할 때까지 정글 깊숙한 곳에 방치돼 있었습니다.

캄보디아는 프랑스에 지배를 받았지만, 결코 상황이 나쁘진 않았어요. 15~19세기에 약 400년 동안 태국과 베트남에 간섭과 지배를 받았기 때문에, 1863년 캄보디아는 이들의 간섭에서 벗어나기 위해 자진해서 프랑스 보호령으로 편입됩니다. 10년 전인 1853년에는 캄보디아 국왕이 프랑스에 보호를 요청했다가 태국에 의해 좌절되기도 했죠.

이후 프랑스는 원활한 통치를 위해 옆 나라 태국과 베트남의 영토를 떼서 캄보디아에 돌려주기도 합니다. 이렇다 할 자원도 많지 않아서, 프랑스에 의한 착취나 개발이 적었어요. 현대로 접어들며 벌어진 끔찍한 내전과 학살 때문에 오히려 조용하고 평화롭던 프랑스 통치 시절을 그리워한다는 웃지 못할 농담까지 나온다고 하네요.

끝나지 않는 비극, 킬링필드

제2차 세계대전 직후 캄보디아의 상황은 우리나라와 비슷한 부분이 많아요. 좌파와 우파의 대립, 역사적 종주국과 기존 식민제국의 간섭 등이 그렇죠. 캄보디아는 제2차 세계대전 이후 지금까지, 사실상 권위주의 독재 체제가 이어지고 있어요.

안타까운 건 독재 정권이 주변국의 비호 아래 성장했다는 겁니다. 캄보디아 시민들은 제2차 세계대전 직후에 선거까지 치렀지만, 프랑스가 이를 무효로 돌렸어요. 1953년에 시아누크 왕이 프랑스로부터 독립을 승인받았지만, 정작 그는 프랑스의 비호 아래 성장한 인물이었죠.

1970년 국방부 장관을 지냈던 론 놀이 쿠데타를 일으켜 시아누크를 내쫓고 크메르공화국을 세웁니다. 친미 성향의 론 놀이 정권을 잡자, 미국 정부는 캄보디아에 막대한 자금을 지원했어요. 론 놀은 공산주의자를 몰아내겠다는 핑계로 캄보디아에 있는 베트남인들, 공산주의자들을 탄압했죠. 심지어 미군에 자국의 영토를 폭격해달라고 요청하기도 합니다. 그래서 캄보디아 공산당의 무장 조직인 크메르루주가 민심을 얻기 시작했어요.

베트남전쟁이 끝나고 미군이 철수하자, 크메르루주가 수도 프놈펜을 점령하죠. 친중 성향에 마오쩌둥의 사상을 추종하던 독재자 폴 포트가 집권해서 1975~1979년에 중국의 문화대혁명보다 더 지독한 학살극을 벌입니다. 캄보디아 전범재판에서는 최소 170만 명, 국민 네 명 중 한 명(25.3%)이 학살당했다는 판결이 나옵니다. 이를 '킬링필드'라 하죠.

역사적 비극은 여기서 그치지 않았어요. 베트남전쟁을 마무리한 베트남이 1979년에 캄보디아를 침공해서 캄보디아에 괴뢰정권을 세웠거든요. 크메르루주가 이에 반발하면서 나라는 내전에 휩싸이죠. 베트남은 1989년에 캄보디아에서 철수했지만, 그 흔적은 여전합니다. 베트남 괴뢰정부 시절의 지도자였던 훈 센 총리가 1985년부터 시작해서 2023년까지 독재하고, 장남인 훈 마네트가 총리직을 세습했죠.

동남아시아의 역사를 열어젖힌 캄보디아는 수백 년 동안 외세에 간섭을 받았고, 제2차 세계대전이 끝난 후에도 냉전과 독재에 고통받고 있어요.

임금님 사진에 손도 못 대는 태국

태국인의 고향은?

태국의 주류 민족인 타이족은 최근 연구에서 타이완섬에서 왔다고 밝혀졌어요. 춘추전국시대에 중국으로 가서 월나라의 주민을 이루기도 했다네요. 그러나 월나라가 망하자 남서쪽으로 이주해 중국의 광시좡족 자치구, 윈난성 등에 살았습니다. 당나라 때 한족들이 이 지역에 대거 이주하면서 타이족이 1차로 태국으로 넘어갔고, 13세기에는 몽골제국의 침략으로 2차로 이주했어요. 태국인들이 북쪽에서 이주하면서, 태국 왕조의 수도도 짜오프라야강 북쪽 중상류(치앙마이)에서 중류(수코타이)로, 다시 남쪽 하류(아유타야, 방콕)로 점점 내려왔죠. 그래서 치앙마이 등 태국 북부에 거주하는 사람들은 피부나 생김새가 동북아시아 사람들과 비슷해요.

태국인들이 북쪽에서 이주하면서, 태국 왕조의 수도도 짜오프라야강 북쪽에서 중류를 거쳐 하류로 내려왔어요.

태국의 세종대왕

그전에도 원주민이 살았지만, 태국의 역사는 사실상 13~14세기부터 시작했다고 볼 수 있어요.

당시 동남아시아의 지역 강국은 캄보디아의 조상, 크메르족의 크메르(앙코르) 왕국이었어요. 그러나 태국인들은 1283년 크메르 왕국의 지배를 거부하고, 태국인들의 젖줄 짜오프라야강 중류 수코타이에 수코타이 왕국을 세웁니다.

수코타이 왕국에는 '태국의 세종대왕'이라 불리는 람캄행 대왕(재위 1277~1317)이 있는데요. 수코타이 왕조의 최대 전성기를 이끌고, 크메르 문자를 변형하여 타이 문자를 창제했죠.

태국 사람들은 자신들의 문자를 세계에서 가장 과학적이라고 자부합니다. 원래 동남아인들이 쓰던 크메르 문자는 워낙 복잡해서 일반 백성들은 문자를 모르고 살았다고 해요. 그런데 그걸 개량한 사람이 람캄행 대왕인 거죠. 람캄행 대왕은 "나라 글이 너무 어려워 백성들이 제 뜻을 펴지 못하니 내가 바보천치도 쉽게 배울 수 있게 개량했다"라고 말했다고 합니다. 세종대왕이 훈민정음을 창제한 이유와 비슷하죠? (물론 람캄행 대왕이 이런 말을 실제로 했는지 논란은 있습니다.)

람캄행 대왕은 스리랑카에서 상좌부불교를 적극적으로 받아들여요. 부처님의 말씀에 따라 통치(탐마라차)하는 걸 강조해 후대에도 이상적인 군주의 모습이 이어지죠.

국왕의 높은 권위

수코타이-아유타야-짜끄리(방콕) 왕조가 이어지면서 왕가는 바뀌었지만, 국왕이 법왕法王으로서 높은 권위를 갖는 전통은 이어집니다. 지금도 태국 헌법에서는 국왕은 불교도여야 하고 종교의 수호자임을 밝히고 있죠.

현재 짜끄리 왕조의 국왕은 라마 1세, 라마 2세, 라마 10세 등으로 이어지는데, '라마'는 힌두교의 신 비슈누의 화신을 뜻해요. 국왕 자체가 갖는 종교적 권위를 나타내는 상징적인 부분이죠.

특히 라마 5세는 노예제를 폐지하며 태국의 근대화에 이바지한 왕이었어요. 프랑스와 영국에 영토를 넘겨주는 대신 태국을 동남아시아에서 유일한 독립국으로 지켜내죠. 이를 '대나무 외교'라고 하는데, 바람에 휠지언정 꺾이지 않는 대나무처럼 불평등한 통상 조약을 맺더라도 독립을 유지하는 길을 택한 겁니다. 태국은 1930년대에 입헌군주국이 됐어요. 라마 9세(재위 1946~2016)는 왕실 재산으로 농촌에 병원을 짓고, 군부 쿠데타를 꾸짖어 민주 정부가 수립하는 계기를 마련하면서 '태국의 아버지'로 불리기도 했고요.

이런 역사적 배경 때문에, 태국에서는 국왕의 사진에 손가락질만 해도 잡혀간다고 해요. 실제로 한 관광객이 장난으로 현 국왕인 라마 10세의 사진 앞에서 국왕의 콧구멍에 손가락을 대고 사진을 찍었다가 잡힌 일도 있었어요. 헌법(6조)에는 국왕의 존엄은 누구도 모독할 수 없고, 국왕은 어떠한 방법으로도 비난하거나 고발할 수 없다고 되어 있거든요. 왕과 왕비 등 왕실 구성원은 물론이고 왕실의 업적을 모독하거나 왕가를 부정적으로 묘사하면 최고 징역 15년에 처할 수 있대요.

그러나 기준이 모호한 왕실모독죄에 대한 반대 여론이 높아지고 있어요. 현 국왕인 라마 10세가 기행을 거듭하면서 국민의 실망도 커졌죠. 최근 총선에서는 왕실모독죄 폐지를 공약으로 내건 진보정당이 승리하기도 했습니다.

성전환자가 많은 역사적 이유

태국에서는 트랜스젠더(성전환자)와 드래그퀸(여장 공연자) 등을 '까터이'라고 해요. 자신의 생물학적 성별과 다른 성별을 지향하는 이들입니다. 태국 사람들은 까터이를 제3의 성으로 인식해왔고, 인구의 약 1%가 까터이일 만큼 그 비율이 다른 나라에 비해 압도적으로 높은데요. 군 징병제를 시행하는 나라인 만큼, 아름다운 여성의 모습을 한 까터이가 신체 검사장에 오는 경우가 왕왕 있다고 해요.

 까터이는 고대에 무당이었다는 이야기가 있어요. 태국 왕실에서 어린 나이부터 여성화 교육을 받은 소년 무용수들은 성인이 된 이후에도 여장남자로 계속 활동하기도 했다고도 하고요. 그러다가 베트남전쟁 이후 까터이의 공연이 전 세계에 알려졌어요.

 관대한 불교 문화도 한몫을 했을 것으로 보입니다. 까터이의 삶을 전생의 업보에 따른 윤회의 결과라고 믿는 거죠.

 전쟁 때문이라는 분석도 있어요. 태국은 아유타야 왕조(1350~1767) 시절부터 버마(미얀마)와 200년 넘게 전쟁을 치렀거든요. 성인 남자가 전쟁터로 끌려간 상황에서 가정 경제는 여성들이 이끌어야 했어요. 그래서 징집을 피하기 위해 남자아이를 갓난아기 때부터 여장시키거나 평생 여자로 살아가는 사람들이 늘어났다는 겁니다.

방콕공화국

방콕 이야기를 빼놓을 수 없습니다. 태국의 인구는 7,200만 명이 조금 안 되는데, 방콕 인구는 1천만 명이 조금 넘어요. 방콕에 태국 사람의 15%가 사는 거죠. 수도권 인구를 포함하면 1,500만 명이 방콕 생활권에 거주하는 셈이에요.

　경제 의존도는 더 심각해요. 태국의 국내총생산GDP은 2022년 기준 4,960억 달러인데, 방콕 광역권의 경제 규모는 2,310억 달러니까요. 경제의 절반이 수도권에 집중돼 있어요. 태국의 1인당 GDP는 7,070달러인데, 방콕의 1인당 GDP는 약 1만 8,100달러로 2배가 넘습니다.

　우리나라가 서울공화국이라고 불리듯, 태국도 방콕왕국이라거나 방콕공화국이라고 불려요. 지역 격차와 빈부 격차, 개발도상국 중 가장 빠른 고령화로 태국의 경제가 한계에 다다랐다는 지적도 나오고 있습니다.

베트남은 친중 국가일까

베트남은 한국과 닮았다?

우리나라 사람들은 베트남을 참 좋아합니다. 동남아 관광객 3명 중 1명이 베트남을 찾는다고 해요. 동남아 거주민 60%가 베트남에 살고, 국제결혼 중 부동의 1위는 '베트남 신부'입니다.

　베트남을 좋아하는 가장 큰 이유는 문화적 동질성 때문이 아닐까 싶습니다. 베트남은 지리적으로 동남아시아지만, 문화적·역사적으론 동북아시아에 묶이기도 하니까요. 베트남은 한국과 일본처럼 중국과 교류가 많았죠. 그래서 "당나라 문화를 보고 싶으면 일본을, 송나라 문화를 보고 싶으면 베트남을, 명나라 문화를 보고 싶으면 한국을 보라"는 말이 있을 정도였어요. 그 당시의 중국 문화는 당시의 문화를 가장 열심히 수용한 일본, 베트남, 한국이 오히려 잘 간직하고 있다는 뜻이겠죠.

베트남과 한국은 비슷한 면도 많아요. 영토도 길쭉하고, 중국과 치열하게 싸우면서 한족에 동화되지 않고 고유한 문화와 정체성도 지녔죠. 제2차 세계대전 이후 냉전의 격랑 속에서 전쟁을 경험하기도 했고요.

베트남은 왜 길쭉할까?

베트남 지도를 보면 한반도와 묘하게 닮은 것 같습니다. 물론 베트남이 더 크죠. 베트남 면적이 약 33만km²로 한반도(22만km²)의 1.5배입니다. 베트남은 남북으로 더 길고 동서로 더 얇아요. 한반도의 남북 거리는 1,000km가 조금 안 되는데, 베트남은 1,650km나 되거든요. 반대로 한반도에서 동서로 가장 좁은 곳이 인천-강릉(220km)인데, 베트남은 동서로 좁은 곳이 50km밖에 되지 않아요.

베트남의 영토가 길쭉한 이유는 산맥 때문입니다. 베트남보다 더 영토가 길쭉한 나라는 중남미에 있는 칠레예요. 남북 길이가 4,200km에 달하는데, 지구에서 가장 긴 안데스산맥이 칠레 동쪽에 있어요. 베트남은 길이가 약 1,100km 정도 되는 안남산맥(쯔엉선산맥)이 있죠. 중국 윈난고원에서 뻗어 나온 산줄기로, 베트남의 해안

베트남의 영토가 길쭉한 이유는 지형에 답이 있습니다. 해안선과 나란히 흐르는 안남산맥 때문이죠.

선과 나란히 있습니다.

안남산맥은 우리나라의 태백산맥처럼 동쪽은 가파르고 서쪽은 완만해요. 이런 지형이 베트남의 역사와 지정학에 큰 영향을 줍니다. 베트남은 주로 남북으로 교류하고 영토를 확장했어요. 안남산맥은 베트남과 라오스의 자연적인 국경 역할을 하죠.

이에 반해 중국과의 교류가 다른 동남아 국가 민족보다 많아요. 다른 동남아 국가는 역사 시대 초기에 힌두교를 받아들이고 나중에는 상좌부불교가 들어왔죠. 하지만 베트남은 대승불교 국가이고, 유교, 한자, 율령 같은 동북아의 사상과 통치 시스템을 흡수했어요.

중국과의 관계는 어떨까?

베트남을 한자로 표기하면 '월남越南'입니다. 월越 자는 춘추전국시대에 남중국에 있던 월나라와 한자가 같습니다. 그래서 베트남인들의 고향을 중국 남부 주강 유역, 《삼국지》에 등장하는 후한 13주의 교주交州라고 봅니다. 교주를 다스리던 사섭이란 인물은 베트남 역사에서 중요하게 다뤄지는데, 처음으로 한자를 전파한 인물로 꼽혀요. 베트남을 잘 통치해서 '사왕士王', '시브엉Sĩ Vương'이라고 불렀다고 합니다.

베트남에도 우리나라 고조선처럼 반랑국, 어우락국 등 역사와 신화 사이에 나라가 있었어요. 그러나 고조선이 기원전 108년에 한나라 무제에게 멸망당할 무렵, 베트남의 남비엣도 기원전 111년 한

무제에게 정복당해서 기원전 111년부터 기원후 939년까지 1,000년 넘게 중국의 지배를 받습니다. 중국사로 보면 한나라 때 정복돼 송나라가 등장하기 전(5대10국시대)에 독립한 셈이죠.

한족을 정복한 이민족이 한족에 동화됐듯, 대개 이런 역사를 가지면 한족에게 동화될 법도 한데요. 하지만 베트남은 결국 독립했고, 자신들만의 정체성을 갖습니다. 그만큼 베트남의 역사는 중국과 싸우고 중국에서 독립한 역사라고도 할 수 있어요. 베트남 역사의 영웅은 대부분 독립 영웅, 구국의 영웅이에요. 베트남의 잔 다르크 자매인 쯩 자매(쯩짝과 쯩니)가 시조 격으로, 언니인 쯩짝(징측)은 베트남의 여왕이 되기도 했어요. 쩐흥다오라는 장군도 있는데, 베트남의 이순신이라고 이해하면 됩니다. 몽골제국의 침략을 막아냈거든요. 이순신 장군처럼 전쟁사적으로도 의미가 커요. 베트남 게릴라전의 원조라고 하죠. 베트남전쟁 때 베트콩의 게릴라전, 프랑스와의 독립전쟁 때 게릴라전의 원조가 쩐흥다오 장군인 셈이죠.

이런 역사가 베트남에 영향을 미칩니다. 첫 번째, 중국을 믿질 않습니다. 베트남의 역사는 중국과 싸우고 독립한 역사예요. 제2차 세계대전 이후 공산권으로 묶였지만, 베트남은 중국의 야욕을 너무 잘 알고 있어요. 그래서 베트남의 국부 호찌민은 제2차 세계대전이 끝나자 프랑스의 재입성을 받아들입니다. 승전국 중국(중화민국)이 동남아시아로 밀고 들어올 수 있다고 생각해서였어요. 호찌민은 "프랑스 똥(인분) 냄새를 몇 년 더 맡는 게 중국 똥(배설물)을 평생 삼키는 것보다 낫다"라고 말했다고 합니다. 호찌민은 베트남전쟁 때도 중화인민공화국의 지원을 너무 많이 받지 말라고 충고했어요.

베트남은 제국이다?

베트남의 역사가 베트남에 가져다준 두 번째 정체성은 '자신감'입니다. 중국(명나라)으로부터 독립했고, 몽골제국의 침략도 막아냈으며, 프랑스와의 독립전쟁과 베트남전쟁에서 승리했으니까요. 베트남전 이후 1979년 중월전쟁에서도 이겼고요.

베트남이 갖는 자신감의 발로는 또 있습니다. 베트남이 중국에 비해 작은 거지, 동남아시아에선 체급이 높은 편이에요. 동남아시아는 북부에 산지와 밀림이 많아서 소수민족이 많습니다. 베트남도 공식적으로 54개의 민족으로 이뤄진 다민족 국가예요. 물론 베트남 인구의 85%는 비엣족(킨족)이 차지합니다. 다른 민족들을 쫓아냈거나 동화시킨 결과겠죠.

베트남에 동화된 대표적인 민족이 참파(참족)입니다. 참파인은 섬 지방에서 인도차이나반도로 넘어온 말레이계 민족으로, 비엣족과 인종적으로도 다르고 다른 나라로 지냈어요. 참파는 한때 베트남 수도를 점령할 정도로 강했지만, 베트남이 15세기에 25만 대군을 이끌고 참파의 영토 대부분을 정복했죠.

참파를 정복하면서 베트남은 북쪽과 남쪽의 곡창지대를 얻었어요. 북쪽엔 하노이가 있는 홍강 삼각주, 남쪽엔 호찌민이 있는 메콩강 삼각주가 있죠. 현재 베트남 인구는 1억 명이 넘고, 쌀 수출량도

전 세계 3위예요. 체급을 키운 베트남은 외왕내제外王內帝합니다. 중국엔 사대 관계를 하면서도 주변국엔 황제국처럼 행세했다는 말이에요. 참파를 멸망시킬 때쯤, 란쌍 왕국(라오스)를 쳐들어가서 조공국으로 만듭니다. 베트남전쟁이 끝나고 통일된 베트남은 1978년에 캄보디아를 침공해 캄보디아에 괴뢰정부를 세우기도 했고요.

이런 베트남의 역사는 현재의 모습에도 녹아 있어요. 베트남은 자국이 대나무 외교를 펼친다고 내세웁니다. 공산권 국가로서의 정체성은 유지하지만, 실리를 위해선 서방과의 협력도 주저하지 않아요. 호찌민 시절에도 그랬습니다. 제2차 세계대전 때 일본을 몰아내기 위해서 미국과 손을 잡았고, 중국의 야욕을 견제하기 위해선 자신들을 식민화한 프랑스에 손을 내밀었죠. 러시아와 중국 사이에서 줄타기하면서 어느 쪽과도 척지지 않으려고 애썼고요. 베트남이 이런 외교를 하는 근저에는 "누가 쳐들어와도 이길 수 있다"라는 자신감이 깔린 게 아닐까 싶습니다.

필리핀의 양극화는 어디에서 왔을까

일본과 닮은꼴?

필리핀을 보면 일본과 비슷하다는 느낌을 받습니다. 두 나라 모두 섬나라입니다. 여러 개의 섬으로 이뤄져 있어서 중앙정부보다는 지방의 힘이 강했죠. 그래서 지방분권적인 역사 때문에 일본과 필리핀 모두 지방색이 강한 편이에요.

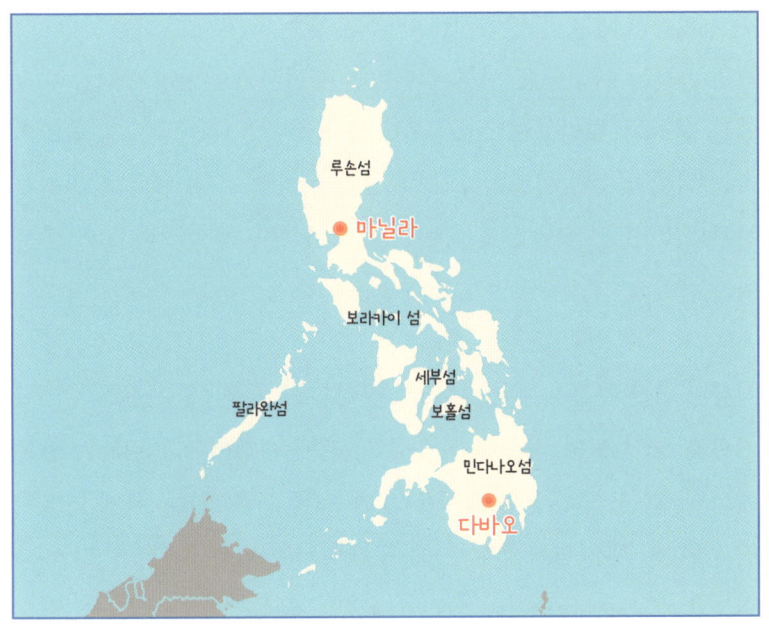

필리핀도 일본처럼 섬나라지만, 큰 섬이 중심을 잡아주는 일본과는 달리 필리핀은 비슷한 크기의 섬이 각축을 벌입니다.

　두 번째 공통점은 지진, 화산, 태풍 등 자연재해가 잦습니다. 지구에서 지질 상태가 가장 불안해 '불의 고리'라고 불리는 환태평양 조산대에 있기 때문이죠. 필리핀 인구의 80% 이상이 가톨릭 신자지만, 묘하게 전통 무속이 섞여 있다고 해요. 일본도 불교와 무속신앙이 묘하게 섞인 신토가 자리 잡고 있죠.
　세 번째는 위치입니다. 필리핀과 일본 모두 대륙의 끝에 있어요. 동북아시아의 끝에 있는 일본은 동북아 역사와 같이 하면서도 묘하게 독자적인 흐름을 갖습니다. 유럽의 끝에 있는 영국도 유럽과 묘한 거리감이 있죠. 동남아시아의 끝에 있는 필리핀도 그렇습니다.

네 번째는 인구예요. 일본과 필리핀은 인구가 1억 명이 넘습니다. 일본 면적이 37만 8,000km², 필리핀 면적이 30만km²인데, 필리핀과 면적이 비슷한 이탈리아의 인구는 6천만 명이 안 됩니다. 필리핀 북부의 가장 큰 루손섬의 땅이 비옥해서 인구 부양력이 좋기 때문이죠.

한편 다른 부분도 있어요. 일본은 하나의 큰 섬이 중심이지만, 필리핀은 중심 섬의 비중이 작습니다. 전체 면적이 37만km²인 일본에서 가장 큰 섬 혼슈의 면적은 22만km²(약 60%)인데, 전체 면적이 30만km²인 필리핀에서 가장 큰 루손섬의 면적은 10만km²(약 33%)거든요. 일본은 대표적인 섬이 4개지만, 필리핀의 대표 섬은 루손, 민다나오, 사마르, 네그로스, 팔라완, 파나이, 민도로, 레이테, 세부, 보홀, 마스바테로 11개나 되죠. 이런 지리적 차이가 두 나라의 현재를 만들지 않았나 싶습니다.

일본은 16세기 말~17세기 초에 사실상 통일을 이뤘지만, 필리핀은 지금까지도 섬별로 언어·민족·문화가 많이 달라요. 남쪽 민다나오섬에는 지금도 반군이 활동하고 있죠.

스페인이 오기 전에도 잘나갔다?

필리핀 사람들의 언어를 분석하면 '오스트로네시아계'로 분류됩니다. 타이완섬을 고향으로 하는 오스트로네시아인들은 바다를 중심으로 활발히 이동한 해양 민족이에요. 서쪽으로는 아프리카의 마다가스카르섬부터 동쪽으로는 남태평양 이스터섬까지 분포합니다. 필리핀도 해상 무역을 통해 선진 문물을 받아들이며 성장했어요. 고대 필리핀에서는 '바이바이인Baybayin 문자'를 사용했는데, 인도계 문자와 아랍 문자를 개량한 거라고 해요. 특히 남부 민다나오 지역에서는 금이 많이 발견돼서 필리핀에선 고대부터 금화, 은화가 사용되었대요. 7세기부터는 당나라 사람들이 모여 살던 차이나타운이 형성됐다고 해요.

필리핀에서 중국 무역을 주도한 건 북부 루손섬에 있는 마닐라 왕국입니다. 마닐라는 현재 필리핀의 수도죠. 마닐라 왕국은 중국과의 무역권을 당나라 때부터 명나라 때까지 독점했어요. 명나라가 해상 무역을 하지 않겠다고 해금령을 내렸을 때도, 마닐라 왕국은 밀수 루트를 뚫었어요. 16세기 스페인 사람들이 마닐라에 도착했을 때 "도시의 화려함에 감탄했다"라는 기록도 있고요.

물론 마닐라만 잘나간 게 아니죠. 남부 이슬람계 왕국인 술루 술탄국, 중부 힌두계 왕국인 세부 왕국 등도 함께 성장합니다. 16세기 유럽인이 오기 전까지, 필리핀제도에는 20여 개 국가가 있었다고 해요. 임진왜란을 일으킨 도요토미 히데요시는 필리핀까지 노렸다고 해요.

필리핀은 스페인에 정복당하지 않았다?

'필리핀'이라는 이름의 유래를 아시나요? 16세기 스페인의 국왕이었던 펠리페 2세에서 비롯했어요. 최초로 세계 일주에 성공한 마젤란의 스페인 함대가 필리핀에 도착해 '펠리페의 땅'이라며 필리피나스Filipinas라고 이름 붙였던 거죠. 이후 필리핀은 300년 이상 스페인의 식민 지배를 받습니다.

그러나 필리핀은 스페인에 정복당하지 않았어요. 탐험가 마젤란은 1521년 필리핀 세부의 작은 섬(막탄)에 도착하지만, 무슬림 영주(라푸라푸)와 싸우다가 사망하죠. 그 뒤로도 스페인 정부가 원정대를 보내지만, 정복에는 실패합니다. 오히려 필리핀의 왕국들이 스페인에 자발적으로 충성을 맹세해요. 필리핀 왕국은 대체로 스페인에 호의적이었거든요. 무역으로 먹고사는 그들로선 16세기에 '해가 지지 않는 제국'이었던 스페인에 붙는 게 그다지 나쁜 선택은 아니었으니까요.

스페인의 지배는 필리핀에 호재로 작용했어요. 필리핀은 중국 무역항의 거점이면서 아시아와 태평양을 이어주는 거점이었거든요. 16~18세기에 태평양은 '스페인의 호수'라고 불렸죠. 스페인은 필리핀을 얻은 후로 태평양 무역망을 구축하고, 필리핀은 스페인의 무역망을 이용해 발전합니다. 스페인 정부도 거리가 먼 필리핀을 직접 지배하기보다는 토착 왕가와 상인에게 자치권을 주었죠.

뿌리 깊은 경제 양극화

그러나 스페인이 해체되면서 필리핀도 흔들립니다. 에스파냐는 18세기 초부터 전쟁에 휩싸이며 해상 무역 주도권을 잃었어요. 19세기 초 나폴레옹전쟁 때 스페인이 점령당하면서 중남미 식민지들도 독립합니다. 이후 필리핀은 스페인의 태평양 무역 거점이 아니라, 몇 안 남은 착취 대상이 돼버립니다. 그러면서 스페인은 설탕, 담배, 커피 같은 상품작물을 키우는 대농장(플랜테이션)을 필리핀에 만들기 시작했죠.

대농장은 필리핀 현지인이 주도해요. 현지 지배계층이 대지주로 성장한 거죠. 중국 무역을 주도한 토착 세력, 태평양 무역을 주도한 토착 세력, 대농장을 주도한 토착 세력이 공고한 경제적 카르텔을 만듭니다.

우리나라가 산업화에 성공할 수 있었던 이유 중 하나로 농지 개혁이 꼽히는데요. 지주들이 땅을 강제로 팔면서 다른 사업에 투자할 수밖에 없는 상황이 됐기 때문이죠. 자영농 중심의 농촌은 생존 부담이 줄어들었고, 잉여 인력은 도시로 가서 노동자가 될 수 있었습니다. 그런데 필리핀은 19세기에 형성된 지주 가문이 지금도 내수 기업을 장악하고 있어요. 필리핀 족벌 가문은 유통, 부동산, 은행, 관광 같은 내수산업에만 의존하거든요. 국내 자본 대부분이 내국인과 관광객만 상대하다 보니, 19세기 중반의 산업 형태와 경제 상황에서 벗어나질 못하고 있죠.

이 상황은 미국의 지배를 받으면서 더 심해집니다. 미국은 필리핀 식민 정책의 방향을 '정치적 자유, 경제적 종속'으로 설정하죠. 정치적으로는 자치권을 부여하지만, 플랜테이션의 이권은 미국인이나 친미 지주에게 몰아주는 식이에요. 필리핀 남부 민다나오섬에 세계에서 가장 큰 파인애플 농장이 있는데, 미국계 기업 델몬트의 소유죠. 미국계 식품회사 돌DOLE의 대농장도 현재까지 필리핀에 있고요. 필리핀은 1946년에 독립했는데도 여전히 식민지와 같은 상황이 계속되면서 자체적으로 산업을 키우지 못하고 있습니다.

필리핀의 치안이 안 좋은 이유

인구가 많은데 산업 역량이 없으면 불법 조직이 횡행합니다. 브라질도 그렇습니다. 공권력이나 중앙정부보다 족벌 가문이나 지역 유지의 힘이 강하면, 치안이 좋을 수 없습니다. 특히 총기가 합법인 미국에 지배받으면서 총기도 많이 유입됐어요. 섬이 7,000개가 넘으니 범죄자들이 숨기도 좋겠죠.

파인애플 농장이 많은 민다나오섬에는 이슬람계 반군도 있어요. 마닐라 정부와 민다나오 반군의 내전에는 역사적 배경이 있습니다. 에스파냐의 식민 지배를 받기 전에는 이슬람 세력도 강했는데, 이슬람을 싫어하는 스페인이 이슬람 세력을 탄압했던 거죠. 이슬람 세력은 미국을 상대로도 독립 투쟁을 벌였고요.

내전의 결정적인 계기는 독립 이후에 터집니다. 민다나오섬의 이슬람 세력이 따로 독립하겠다고 하자, 필리핀 정부가 민다나오섬에 가톨릭계 주민을 이주시켰고 민다나오 내 이슬람교도의 불만이 폭발했죠. 특히 민다나오는 필리핀에서 가장 개발도 안 돼 있고 문맹률도 높은 지역이거든요. 단순 시위에서 그치지 않고, 극단주의 조직의 활동으로 번지고 있습니다.

세계 최대의 이슬람 국가, 인도네시아

세계 최대의 '자연재해 국가'

인도네시아는 세계 최대의 섬나라예요. 1만 7,000여 개의 섬으로 구성돼 있죠. 인도네시아는 섬나라 중에 면적도 가장 크고(세계 14위의 면적), 섬도 가장 많고(세계 6위의 섬 개수), 인구도 가장 많은(세계 4위의 인구) 나라예요. 인도네시아 다음가는 섬나라 일본은 1만 4,000여 개의 섬(세계 7위)이 있고, 인구는 1억 2천만 명(세계 12위)이 넘습니

세계에서 화산·지진 활동이 가장 활발한 인도네시아의 화산성 토양은 농사짓기 좋은 환경을 만듭니다. 덕분에 인도네시아는 세계 4위의 인구 대국으로 성장했습니다.

인도와 차이나의 사이에서, 동남아시아

다. 필리핀은 섬 개수가 7,000개 이상이고, 인구는 1억 2천만 명(세계 13위)이 조금 안 되고요.

인도네시아, 일본, 필리핀 모두 태평양에 있는데, 이 인근 지역은 환태평양 조산대로 화산·지진 활동이 활발하죠.

특히 인도네시아는 지구에서 화산·지진 활동이 가장 활발한 조산대 두 곳(환태평양 조산대와 알프스-히말라야 조산대)이 겹치는 곳에 있어요. 북동부의 섬은 환태평양 조산대에, 수마트라섬 등 남서쪽 섬은 알프스-히말라야 조산대에 속합니다. 그래서 대규모 자연재해가 자주 일어납니다. 지진, 쓰나미, 화산 폭발, 태풍과 홍수 등 자연재해의 규모나 빈도 모두 일본을 앞서죠. 인도네시아는 개발도상국이라 자연재해에 대한 대비도 부족해 피해가 훨씬 큽니다.

이렇게 자연재해가 심한데 인구는 많아요. 인도네시아에서 인구가 가장 많은 자바섬은 판의 경계에 있어서 지진과 화산 활동이 가장 자주 일어나는 섬입니다.

그런데 아이러니하게도 화산이 인구 부양력을 키웠습니다. 자바섬은 농사에 유리한 화산성 토양이 있어서 미네랄이 풍부하고 비옥하죠. 자바섬 남부는 화산 활동이 심하고 가파르지만, 중부와 북부는 지형도 평탄한 편입니다. 몬순 기후라 비도 적절하게 와서 농사짓기엔 최적이라고 하죠. 자바섬에서는 쌀농사가 3모작이 가능하다고 해요. 남한 면적보다 조금 큰 자바섬에 인도네시아 인구의 절반 이상인 1억 5천만 명이 살고 있어서 전 세계에서 가장 많은 사람이 사는 섬이기도 합니다.

사실 인구 과밀은 네덜란드의 지배를 받을 때부터 문제였어요.

이때부터 인구 밀도가 낮은 지역으로 이주를 장려하는 인구 분산 정책이 시작됐어요. 최근에는 인도네시아 정부도 수도를 칼리만탄섬(보르네오섬)으로 이전하려는 계획을 추진하고 있죠.

세계 최대의 이슬람 국가

인도네시아는 이슬람교도가 가장 많이 사는 나라이기도 합니다. 인도네시아의 인구는 2억 8천만 명 정도인데, 인구의 약 87%가 이슬람교도입니다. 2억 4천만 명의 이슬람교도가 있는 세계 최대의 이슬람 국가죠. 중동 최대의 이슬람 국가로 불리는 이집트(무슬림 9천만 명), 이란(8,200만 명), 튀르키예(8천만 명)의 이슬람 인구를 합친 수준이죠.

다만 이슬람교가 국교도 아니고 사람들의 믿음도 대부분 세속적이라고 해요. 인도네시아의 이슬람은 인도네시아의 역사와 지리에 영향을 받았어요. 말레이시아와 인도네시아를 포함한 동남아시아 섬 지방(말레이제도)은 인도양 무역을 통해 발전하는데, 역사 초기에는 인도의 영향을 많이 받아요. 말레이제도의 대표적인 고대 국가인 스리위자야 왕국은 불교 왕국이었고, 말레이반도와 필리핀 남부까지 지배한 해상제국 마자파힛 왕국은 힌두교 왕조였죠.

말레이제도에 이슬람교가 전해진 건 13세기 말부터였어요. 13세기 말부터는 인도도 이슬람화됐고, 아랍 상인들이 수마트라섬과 믈라카해협 등에 거주했기 때문이죠. 하지만 지하드(정복 전쟁)를 통해 종교가 전파된 게 아니라서, 원주민 사이에선 힌두교·불교의 영향이 많이 남아 있었어요. 상인들에겐 종교보다 돈벌이가 중요하니까요. 그래서 인도네시아 이슬람교도들은 이슬람 근본주의자들에게 기회주의자라거나 일탈자라고 비판받기도 합니다.

무엇보다 인도네시아는 1만 7,000여 개의 섬으로 이뤄진 지역이에요. 지금까지도 1,300개 이상의 민족이 있고, 지역 언어는 700여 개에 달합니다. 민족과 언어, 문화가 다양한 인도네시아에서 이슬람교가 강한 영향력을 끼치지 못하는 거죠.

5개의 원칙

2만 개에 가까운 섬들이 하나의 나라로 유지되는 것 자체가 놀라운 일이긴 합니다. 스리위자야 왕국, 마자파힛 왕국도 영향력이 컸을 뿐, 섬과 지역마다 다른 역사와 문화를 가져왔거든요.

지금의 인도네시아가 하나의 정치 체제로 묶인 건 네덜란드 식민 시기부터예요. 네덜란드는 1619년 자바섬의 자카르타를 손에 넣으며 300여 년에 걸쳐 식민 지배를 했죠.

네덜란드 강점기를 거치며, 인도네시아 사람들의 마음속에는 상반된 사상이 자리 잡아요. 하나의 제국에 식민 지배를 받으면서 '동일성'이 생겼고, 다른 문화권의 제국에 지배받으면서 '민족주의'가 생겨난 거죠. 그래서 인도네시아라는 한 나라로 독립할 것인가, 우리 민족만의 새로운 나라를 만들 것인가 고민했어요.

인도네시아는 강력한 리더십으로 하나의 나라를 유지한 사례입니다. 인도네시아는 국부로 불리는 수카르노 중심으로 4년 넘게 네덜란드와 독립전쟁을 치렀고, 독립 직후 정부는 연방을 해산하고 중앙집권화된 인도네시아공화국을 건설합니다.

이 과정에서 정부가 내건 건국 정신이 '판차실라(5개의 원칙)'예요. ① 유일신에 대한 믿음 또는 신앙의 존엄성, ② 인간의 존엄성, ③ 인도네시아 통합, ④ 대중적 합의와 대의제를 통한 민주주의, ⑤ 사회정의 구현이죠. 수카르노 대통령은 결국 독재의 길로 갔지만, 인도네시아에선 아직도 판차실라가 '인도네시아를 하나로 묶는 이념'으로 통합니다.

동티모르 분쟁의 속내

물론 인도네시아에서도 분리독립 이슈는 항상 등장합니다. 대표적인 곳이 2002년 인도네시아에서 독립한 동티모르죠. '티모르'라는 단어는 '동쪽'이라는 의미로, 원래 티모르섬은 하나의 섬나라였어요. 그런데 17세기 포르투갈과 네덜란드가 섬을 반으로 나눠서 차지합니다. 서쪽은 네덜란드, 동쪽은 포르투갈이 갖죠. 제2차 세계대전 이후로 서티모르는 인도네시아로 독립했고, 동티모르는 포르투갈의 영토로 남아요. 동티모르는 1974년에 독립을 선언했지만, 인도네시아가 점령해버립니다.

무엇보다 갈등을 심화시킨 요소는 종교였어요. 서티모르는 이슬람교도가 주류인데, 포르투갈의 영향이 남은 동티모르는 인구 99%가 가톨릭교도거든요.

하지만 인도네시아가 20년 넘게 독립하게 두지 않은 이유는 동티모르와 호주 사이(티모르해 해저)에 매장된 막대한 석유와 천연가스 때문이었어요. 결국 동티모르는 2002년에 독립했고, 호주와 티모르해 석유와 천연가스 개발 협약에 서명합니다. 냉엄한 국제 사회에서 동티모르가 살아남기 위해 첫 번째로 한 일이었죠.

지금도 이슬람 근본주의가 강한 수마트라섬 서부의 아체주, 자바섬에서 세습제 군주인 술탄이 다스리는 욕야카르타, 분리주의 운동이 있는 뉴기니섬 서부의 파푸아주 등은 특별 행정구역, 특별자치주 등으로 구분해 일정한 자치권을 주기도 합니다.

싱가포르가 말레이시아에 이혼당한 사연

말레이시아에 독립당한 싱가포르

20세기 후반까지 대한민국과 함께 '4마리 용'으로 불린 싱가포르는

말레이반도와 수마트라섬 사이의 믈라카해협은 중국과 인도의 바다를 잇는 중요한 바닷길로, 싱가포르가 개발되고 독립한 데는 지정학적인 이유가 있습니다.

대표적인 강소국이죠. 싱가포르의 1인당 GDP는 약 9만 달러로 세계 5위를 차지했고, 구매력 기준PPP으로 환산하면 10만 달러를 넘겨 1, 2위를 다툽니다.

그런데 싱가포르는 말레이시아에 독립당한(?) 나라입니다. 싱가포르와 말레이시아는 영국에서 독립하면서 하나의 나라로 출발했다가, 2년 만에 분리됐거든요. 싱가포르는 독립을 원하지 않았지만, 말레이시아가 독립을 원하면서 결국 갈라섰죠. 지금부터 싱가포르와 말레이시아의 러브스토리를 알아볼까요?

구애하는 싱가포르, 고민하는 말레이시아

'해가 지지 않는 나라'였던 대영제국은 제2차 세계대전이 끝나고 전 세계에 퍼져 있는 식민지를 운영할 만한 체력이 남아 있지 않았습니다. 1947년 인도와 파키스탄의 독립으로 시작된 아시아의 독립 물결은 영국령 말라야(말레이반도 남부)에까지 다다랐죠. 말레이반도 남부에 있는 식민지들은 말라야 연합-말라야 연방을 거쳐, 1957년 영국에서 독립합니다.

동남아시아 최대의 무역항이자 영국 해군 기지와 사령부가 있던 싱가포르도 자치 의회를 설립하고 영국에 자치권을 얻었어요. 하지만 말레이시아, 인도네시아, 태국 등 주변국이 즐비한 상황에서 홀로 서기가 쉽지 않았습니다. 그래서 싱가포르는 말라야 연방에 들어가려고 노력했어요.

그러나 말레이시아의 입장은 달랐죠. 싱가포르는 계륵 같은 존재였어요. 경제적으로 보면 매력적이지만, 인구 구성을 보면 위협적이었거든요. 영국이 말레이시아 지역을 지배하면서 가장 많이 활용한 게 중국계 이주민(화교)이었고, 말레이시아와 싱가포르에는 화교가 많았어요. 1955년 기준 말라야 연방에는 말레이계 원주민이 310만 명, 중국계 이주민이 230만 명이었던 것으로 추정됩니다. 인구도 적지 않았는데 경제 권력도 잡고 있어서, 독립을 주도했던 말레이계 정치인들에게는 화교는 부담스러운 존재였던 거죠. 그런데 싱가포르에서는 화교가 대다수를 차지했어요. 1955년 기준으로 싱가포르 인구는 100만 명이었는데, 말라야 연방과 싱가포르가 합쳐지면서 화교 인구가 말레이계 인구를 뛰어넘었어요. 경제력을 화교가 갖고 있는데 인구마저 다수가 되면 정치권력까지 중국계가 장악하리라는 위기감이 말레이계를 긴장시켰죠. 여기에 식민 통치 본부가 싱가포르여서, 싱가포르와 비싱가포르 간의 지역감정도 은근히 작용했고요.

하나 되는 말레이시아·싱가포르

연애는 두 사람이 하는 거지만 결혼은 두 사람만의 것이 아니라고 하죠. 국제 정세가 급변하면서 두 나라의 관계도 자연스럽게 바뀝니다. 동남아시아에 '공산주의' 광풍이 불기 시작합니다. 1950년대 후반부터 인도네시아 수카르노 정권에서 공산당 세력이 강해지고 있었고, 태국과 말레이시아 접경지대에서는 공산주의 게릴라 조직도 활동했어요. 인구 구조 때문에 평행선을 달리던 두 나라의 밀당에 변수가 생긴 거죠.

두 나라를 중재한 건 영국이에요. 동남아시아에 공산주의 확산을 막고, 안정적인 자본주의 국가를 유지하고 싶었던 영국은 말라야 연방과 싱가포르가 통합해야 한다고 설득했죠.

이때 영국은 별도의 식민지로 남아 있던 영국령 보르네오(보르네오섬 북부)도 연방에 가입시키자는 중재안을 내죠. 현재 말레이시아는 말레이반도 남부인 서말레이시아와 보르네오섬 북부 동말레이시아로 이뤄져 있어요. 말레이반도에 수도 쿠알라룸푸르가 있고, 보르네오섬 북부에 휴양 도시 코타키나발루가 있죠.

동말레이시아의 연방 가입은 말레이시아와 싱가포르에 신의 한 수가 돼요. 첫 번째, 동말레이시아가 합류하면 싱가포르가 연방에 들어와도 중국계 인구가 다수를 차지하지 못하죠. 그러면 말레이계도 부담을 덜고, 싱가포르도 안전하게 연방에 가입할 수 있어요. 두 번째, 보르네오섬의 풍부한 천연자원은 말레이시아에 일자리 창출과 경제 개발 기회가 돼요. 동말레이시아도 싱가포르와 함께 연방에 가입하면서 싱가포르만큼의 자치권을 기대할 수 있고, 연방의 인프라 개발 프로그램도 매력적이었죠. 그렇게 1963년 말레이시아 연방이 만들어집니다. (다만 보르네오섬에 있던 소국 브루나이는 말레이시아 연방에 가입하지 않고 영국의 보호령으로 남아있다가 1984년에 정식으로 독립합니다.)

눈물의 기자 회견

하지만 결혼은 현실이었습니다. 결혼 전부터 우려했던 문제가 결국 터집니다. 말레이시아는 지금도 '부미푸트라 정책'이라는 말레이계 우대 정책을 진행하고 있어요. 연방정부는 말레이계 중심으로 나라를 운영하고 싶어 했고, 싱가포르 주 정부는 "말레이인의 말레이시아"가 아니라 "말레이시아인의 말레이시아"를 주장하며 연방정부와 대립했어요.

그러다가 1964년에 일이 터집니다. 싱가포르에서 말레이계 무슬림들이 예언자 무함마드 탄생일을 기념하는 행진을 하다가 중국계와 충돌한 거예요. 충돌이 거세지면서 10일 동안 수십 명이 사망했어요.

이 일을 계기로 툰쿠 압둘 라만 말레이시아 연방 총리와 리콴유 싱가포르 주 총리 측은 비밀협상을 시작합니다. 연방정부는 연방 정치에 개입하지 않는 대신 완전한 자치권을 갖거나, 아예 분리독립하는 선택지를 제안하죠. 싱가포르 정부는 연방에 더 이상 잔류하기 힘들다는 결론을 내리고, 싱가포르의 분리독립에 합의합니다.

다만 이 사실이 알려지면 소요 사태가 일어날 것을 우려해서 협상은 기밀에 붙이죠. 1965년 8월 9일, 말레이시아 의회는 싱가포르를 연방에서 축출하는 헌법 개정안을 만장일치로 통과시키고, 그날 리콴유는 눈물을 흘리며 독립을 선언해요. TV 화면에 생중계된 리콴유의 눈물 때문에 싱가포르 내에서도 "싱가포르가 일방적으로 말레이시아에서 쫓겨났다"라고 알려졌지만, 2015년 싱가포르의 기밀문서가 공개되면서 진실이 밝혀집니다.

우리 이혼했어요

아이러니하게도 두 나라는 갈라진 후 관계가 좋아집니다. 두 나라의 이해관계가 맞아떨어진 거죠. 말레이시아 정부는 화교의 정치적 성장을 걱정하지 않아도 되고, 싱가포르는 말레이시아와 외교적, 경제적 협력만 하면 되니까요. 싱가포르와 말레이시아는 두 개의 다리로 연결돼 있는데, 싱가포르와 말레이시아 남부 조호르 지역은 서울과 경기도 같이 끈끈한 관계를 유지하고 있어요.

 싱가포르는 독립 이후 외교를 가장 많이 신경 썼어요. 말레이시아는 물론 동남아시아 각국과의 관계를 굉장히 중요시했죠. 이스라엘 모델을 참고해서 군사적으로도 많이 투자했지만, 그보다는 외교에 힘썼어요.

 중국계 인구가 다수지만, 외교적으로는 중화권이 아닌 동남아시아 국가라고 적극적으로 내세워요. 그래서 말레이시아와 인도네시아가 중국과 수교를 맺을 때까지 싱가포르는 일부러 수교를 맺지 않았습니다.

 싱가포르는 독립하고 2년 만인 1967년 필리핀, 말레이시아, 인도네시아, 태국과 함께 아세안을 결성했어요. 싱가포르 관광지인 '주롱 새 공원'에 가면 모노레일에 타이항공 로고가 새겨져 있는데, 태국에서 모노레일을 놔줘서 새겨놓은 거죠. 태국 정부는 양국 우호 협력의 상징으로 이 모노레일을 예로 들며 뿌듯해한다고 합니다.

인도와 차이나의 사이에서, 동남아시아 챕터 정리

✸ 동남아시아는 대체로 비슷할 거라는 고정관념과 다르게 나라와 민족별로 확연히 구분되는 역사와 정체성을 갖고 있습니다. 동남아시아를 이해하기 위해선 먼저 대륙부(인도차이나반도)와 도서부(말레이제도)를 구분해야 합니다.

✸ 인도차이나반도의 지리는 티베트고원에 영향을 많이 받아, 강과 산맥이 주로 남북으로 흐르고 있습니다. 중국의 윈난고원은 중국과 동남아시아의 자연 경계 역할을 하고 있지만, 주요 강의 물길이 중국(티베트고원)에서 시작돼 중국과 분쟁도 자주 일어납니다.

✸ 3만 개가 넘는 섬들이 있는 말레이제도는 화산·지질 활동으로 만들어졌습니다. 화산 활동으로 만들어진 화산토는 비옥한 농지를 제공하고, 인도와 중국 사이에 있는 수많은 섬은 해상 무역의 중심지로 이들을 성장시켰습니다. 그러나 지질학적으로 불안해 자연재해도 많이 일어나죠.

✸ 동남아시아 국가 대부분은 서구 열강의 지배를 받은 역사를 공유하고 있습니다. 이 역사는 현재까지도 빈부 격차, 민족 갈등으로 이어져 경제 성장의 걸림돌로 작용하고 있습니다.

책을 마치며
사람에 관한 이야기, 지리

이 책을 읽고 지리 결정론에 빠지지 않기를 바랍니다. 지리 결정론은 인간과 사회의 여러 현상이 지리적 환경에 의해 결정된다는 이론입니다. 실제 우리가 공간적 환경에 많은 영향을 받는다는 점에서 귀 기울여 들을 만한 이야기죠. 책을 쓰면서 지정학의 중요성을 강조한 《지리의 힘》(사이, 2016)을 참고했습니다.

그러나 지리적 환경이 인간과 사회의 모든 것을 결정하지는 않습니다. 인류의 역사는 자연에 적응한 과정이기도 하지만, 자연을 극복한 과정이기도 합니다. 그런 의미에서 세상을 보는 또 하나의 관점 정도로 받아들였으면 합니다.

중앙유라시아의 무역인들은 거대한 산맥과 사막뿐인 신장위구르 지역에 무역로를 만들고 오아시스 도시들을 건설했습니다. 중국과 동남아시아에는 윈난고원 등 산지가 많았지만, 동남아시아인들의 조상은 그곳을 지나 새로운 터전을 발견했습니다. 섬에서 태어난 말레이인의 조상들은 아프리카의 마다가스카르부터 동태평양의 이스터섬까지 진출했습니다. 인류의 역사는 지리적 환경과 상호작용을 하며 진행되었습니다. 나중에 기회가 되면 다른 관점에서 인류의 역사를 바라볼 수 있는 책으로 찾아뵙겠습니다.

또한 이 책에서 던지는 질문과 답이, 각 지역의 우열을 가리기 위한 것이 아니라는 말씀도 드리고 싶습니다. 책을 쓰면서 참고한 《총, 균, 쇠》(문학사상, 2005)의 저자 재레드 다이아몬드도 이런 시각을 경계했습니다. 어떤 민족이 다른 민족을 지배하게 된 과정을 설명할 수 있다고 해서 그 지배를 정당화할 수는 없습니다.

따라서 같은 호모사피엔스가 각 지역에서 어떻게 정착하고 어떻게 역사를 진행했는지, 그 과정의 차이를 이해하기 위해 책을 썼습니다. '중국을 지나치게 대국으로 묘사했다'라고 비판하신다면, 부족한 필력 때문에 생긴 오해니 겸허히 받아들이겠습니다.

이 책은 새로운 지식과 주장을 전하는 책이 아닙니다. 많은 책에서 나온 내용을 정리한 대중 인문서입니다. 앞서 말씀드린 참고 서적 이외에도 《세계지리》(시그마프레스, 2017), 《모자이크 세계 지리》(현암사, 2011), 《지리의 이해》(창해, 2022), 《지리로 읽는 세계사 지식 55》(반니, 2022), 《145가지 궁금증으로 완성하는 모자이크 세계지도》

(푸른길, 2020), 《지리와 지명의 세계사 도감》(이다미디어, 2018), 《세계 지명 유래 사전》(성지문화사, 2006), 《혈통과 민족으로 보는 세계사》(센시오, 2019), 두산백과를 참고했습니다.

  첫 책인 《두선생의 지도로 읽는 세계사: 서양 편》을 출간하고 뿌듯함보다는 부족함에 대한 죄송스러움이 더 컸습니다. 더 나은 글을 쓰고 더 좋은 책을 써야 한다는 부담감 때문에 동양 편의 출고가 늦어졌습니다. 2년 동안 기다려주신 두강생 여러분께 죄송하고 감사하다는 말씀을 드립니다. 작가의 까다로운 요구에도 언제나 밝은 모습으로 알뜰하게 챙겨주신 21세기북스의 양으녕 팀장님께도 감사의 말씀을 전합니다.

  마지막으로 이 책은 제가 결혼하고 아이를 낳은 후 내는 첫 책입니다. 딸과 아내에게 부끄럽지 않은 책을 만들고 싶었습니다. 힘든 육아에도 언제나 든든하게 옆을 지켜준 아내 현하와 아빠로서 더 강한 책임감을 느끼게 해준 딸 다연이에게 이 책을 바칩니다.

KI신서 13569
두선생의 지도로 읽는 세계사 동양편

1판 1쇄 발행 2025년 6월 18일
1판 3쇄 발행 2025년 12월 1일

지은이 한영준
펴낸이 김영곤
펴낸곳 ㈜북이십일 21세기북스

인문기획팀장 양으녕   **인문기획팀** 이지연 서진교 김주현 이정미
디자인 MALLYBOOK   **교정교열** 한홍
영업팀 정지은 한충희 장철용 남정한 강경남 황성진 김도연 이민재
제작팀 이영민 권경민

출판등록 2000년 5월 6일 제406-2003-061호
주소 (10881) 경기도 파주시 회동길 201(문발동)
대표전화 031-955-2100 **팩스** 031-955-2151 **이메일** book21@book21.co.kr

㈜북이십일 경계를 허무는 콘텐츠 리더

21세기북스 채널에서 도서 정보와 다양한 영상자료, 이벤트를 만나세요!
페이스북 facebook.com/jiinpill21   **포스트** post.naver.com/21c_editors
인스타그램 instagram.com/jiinpill21   **홈페이지** www.book21.com
유튜브 youtube.com/book21pub

당신의 일상을 빛내줄 탐나는 탐구 생활 〈탐탐〉
21세기북스 채널에서 취미생활자들을 위한 유익한 정보를 만나보세요!

ⓒ 한영준, 2025
ISBN 979-11-7357-279-1 03900

책값은 뒤표지에 있습니다.
이 책 내용의 일부 또는 전부를 재사용하려면 반드시 ㈜북이십일의 동의를 얻어야 합니다.
잘못 만들어진 책은 구입하신 시점에서 교환해드립니다.